重庆市职业教育学会规划教材 / 职业教育传媒艺术类专业新形态教材

庭院设计

TINGYUAN SHEJI

U0722268

主　编　　詹华山 赵海如 苏效圣 李　兰
副主编　　李　采 薛彦斌 周福蓉 周诗钰

重庆大学出版社

图书在版编目（CIP）数据

庭院设计 / 詹华山等主编. --重庆：重庆大学出版
社，2025.1
职业教育传媒艺术类专业新形态教材
ISBN 978-7-5689-3505-0

Ⅰ.①庭…　Ⅱ.①詹…　Ⅲ.①庭院—园林设计—职业
教育—教材　Ⅳ.①TU986.2

中国国家版本馆CIP数据核字（2023）第003256号

重庆市职业教育学会规划教材
职业教育传媒艺术类专业新形态教材

庭院设计
TINGYUAN SHEJI

主　　编：詹华山　赵海如　苏效圣　李　兰
副主编：李　采　薛彦斌　周福蓉　周诗钰
策划编辑：席远航　蹇　佳
责任编辑：席远航　　装帧设计：品木文化
责任校对：谢　芳　　责任印制：赵　晟

··

重庆大学出版社出版发行
出版人：陈晓阳
社　　址：重庆市沙坪坝区大学城西路21号
邮　　编：401331
电　　话：（023）88617190　88617185（中小学）
传　　真：（023）88617186　88617166
网　　址：http://www.cqup.com.cn
邮　　箱：fxk@cqup.com.cn（营销中心）
全国新华书店经销
印刷：重庆长虹印务有限公司

··

开本：787mm×1092mm　1/16　印张：8　字数：159千
2025年1月第1版　　2025年1月第1次印刷
ISBN 978-7-5689-3505-0　定价：48.00元

··

目 录
CONTENTS

项目一｜庭院设计基础

任务一　庭院的概念

一、传统庭院概念

古人所谓的"庭"指围墙内建筑四周的空地或围墙围合的建筑。"庭院"作为一个词语，最早出现在《南史·陶弘景传》："特爱松风，庭院皆植松。每闻其响，欣然为乐。"现在我们一般将建筑不同位置的"院"，如前院，厅院，侧院，内院等，都称为"庭院"。

"庭院"在《辞源》中是这样解释的：庭者，堂阶前也；院者，周垣也。因此，"庭院"二字合在一起，就构成了建筑庭院空间的基本概念：由建筑与墙垣围绕而成的室外空间，并具有一定的景象。庭院也可以理解为由建筑或建筑群等实体要素围合且顶部开敞的绿色空间。庭院四周有墙垣，形成比较私密的空间。起初，庭院只由四周的墙垣界定。后来，围合方式逐渐演变成以建筑、柱廊和墙垣等为界面，并形成一个对外封闭、对内开放的空间。庭院设计是借助园林景观规划设计的各种方法，使得庭院居住环境得到进一步优化，满足人们各方面的需求。

二、现代庭院概念

在当代设计中，庭院指由建筑、亭廊、院墙（或栅栏、绿篱）等围合或半围合所形成的露天空间，包括天井（建筑内部）、中庭（建筑围合）及建筑周围的场地等空间范围。庭院设计或园林设计是指在一定的地域范围内，运用园林艺术和工程技术手段，通过改造地形、种植植物、营造建筑和布置园路等途径创造美的自然环境和生活场地的过程。通过景观设计，环境获得美学欣赏价值和满足日常使用要求的功能，并能保证生态可持续性发展。通常把庭院场地的全部或部分用来种植果树、花草或蔬菜以供观赏或采食，添置设备或建造建筑物以供休息。

庭院设计与庭园设计、园林设计是三个相互联系而又相互区别的概念。庭院设计与庭园设计都包含在园林设计这个概念里面。庭园具有私人庭院的含义，所以相对于庭院设计来讲，庭园设计的概念范围更小一些。住宅庭院，是住宅内部、周边或前后的生活空间，一般由出入口、住宅、庭院（前庭、中庭、后庭）等几部分组成，面积大小不一，是家庭成员休闲、娱乐、锻炼和聚会的场所，对于提高居家生活质量起着重要的作用。

三、庭院景观设计

庭院景观设计是指在住宅周边的空地上或已有庭院景观的基础上，新建或改造庭院景观的各种要素，既能满足家庭成员日常活动的需求（实用性），又能满足景观欣赏的需求（艺术性），同时，还应有良好的庭院环境（生态性）、合理的庭院投资造价及很高的房产价值（经济性）。

庭院景观的设计流程为：场地踏勘与特征分析，客户需求调查，相关资料、法律法规的查询，庭院风格的选择及确定，庭院空间划分及道路的安排，微地形与给排水的处理，植物景观设计，小品及其他构筑物的设计及水电灯光照明设计等。

任务二　庭院的类型

庭院按照使用者及使用特点不同，主要可以分为私人住宅庭院、公共建筑庭院及公共游憩庭院三种类型。

（1）私人住宅庭院。私人住宅庭院与人们日常生活密切相关，它是开展许多家庭活动的场所，如散步、就餐、晾晒、园艺、交流、聚会、休憩、晒太阳、纳凉、健身运动、游戏玩耍等，它是人们生活空间的一部分。

（2）公共建筑庭院。公共建筑庭院主要指酒店、宾馆、办公楼、商场、学校、医院等公共建筑的庭院。此类庭院往往与人们的工作、学习、娱乐等活动相关，主要满足人们观赏、休憩、交流、等候等使用功能。开展不同类型的公共建筑庭院设计时，需根据具体使用对象的使用特点与功能要求，创造充满人性化的公共建筑庭院景观。

（3）公共游憩庭院。公共游憩庭院是指被建筑、围墙围合的小面积开放性绿地，由通透围墙围合的公共游憩庭院。该类庭院可以独立设置，也可以附属于居住区、公园或其他绿地。另外，一些园林园艺博览园中的主题庭院也可并入此类。公共游憩庭院使用人群较多，人流量也较大，以满足人们观赏、游览、休憩等使用功能为主，通常具有舒适宜人的游憩环境和赏心悦目的视觉效果。

任务三　庭院设计风格

　　与建筑物一样，庭院也有不同的风格，一般根据业主的喜好确定其设计风格。目前，私家庭院从风格上可分为中式、日式、美式、意式、法式、英式、德式、地中海式、浪漫主义田园式、现代式，这些风格基本上囊括了当今社会的主流文化，是现阶段审美观念的一种总结和体现。庭院大致可总结为四大流派：亚洲的中式和日式、欧洲的法式和英式。常见的做法是根据建筑物的风格来大致确定庭院的类型。总之，重要的是要考虑到庭院与建筑物之间的协调性。

图 1-1

　　庭院设计风格与别墅设计风格，室内装修风格一样，因人而异，有人喜欢中式，有人喜欢日式，也有人喜欢欧式、美式、现代式或者新古典等，不同的风格，有不同的特征。以下是 4 种常见庭院设计风格的特征。

一、中式庭院

　　中式庭院分传统中式与现代中式（也叫"新中式"），新中式其实是在传统中式基础上的简化。二者都是我们中国人的文化特征，所以大家对这种风格了解会更透彻。它最显著的特征是黑瓦、白墙，假山跌水、廊亭水榭等等。其他细节上以青砖、石板、各种石制品为主，植物上以竹、芭蕉、南天竹、松树、橘树等为主要特征。

图1-2

图1-3

二、日式庭院

日式禅意庭院与中式庭院有许多相似的地方，但日式庭院的显著特征是枯山水。枯山水主要由苔藓、石头、砂石、惊鹿、石灯、竹栅栏等组成，属于一种微型景观。日式庭院在修行者眼里它们就是海洋、山脉、岛屿、瀑布，正所谓一沙一世界。同样都是在山水上做文章，但日式庭院更多的是一种侘寂美、禅意美、自然美。

图1-4

图1-5

三、欧式庭院

欧式庭院中最具有代表性的是法式和简欧式，欧式庭院比较统一的整体特征是规整对称统一美，细节上以双线收边以及边角优美的图案与弧线为主。欧式庭院最显著的特征会大量使用罗马柱，双线压顶和弧线倒角。

图1-6

图1-7

四、现代式庭院

现代式庭院属于各种风格的综合与简化，把以前各种风格古典传统的元素符号通通简单化，既美观又节省了一定成本。材料还是那些材料，小品构筑物依旧是那些东西，只是全部简化了，从而达到现代人的审美。

图 1-8

图 1-9

图 1-10

当前大众生活水平提高，也渐渐有了追求品质生活的需求，庭院设计风格也越来越多，不仅有中式、日式、欧式、现代式风格，还有美式乡村，东南亚式，英式等。

任务四　庭院设计空间布局

庭院景观空间既是人们的生活空间，需满足各种使用功能的要求；也是艺术空间，能够带给人们美的享受。一片空地，不存在参照尺度，就构成不了空间，一旦添加了空间实体进行围合便形成了空间。空间围合物的尺度、形状、色彩、质感及组合情况决定了空间的性质与特征。

"地""墙""顶"是景观空间最基本的围合物。庭院中的"地""墙""顶"

表现形式多样，如"墙'可以是实际墙体，也可以是植物、山石或花架等建筑小品构成的墙体。多种多样的庭院空间围合物，加上灵活的空间处理，形成了不同的景观空间类型。

庭院景观空间类型按空间开敞程度分主要有：①开敞空间，此类空间四周没有高出视平线的景物屏障，是开阔、外向的空间；②私密空间，四面被高出视平线的景物环抱起来的空间，具有较强的私密性；③半开敞空间，此类空间介于开敞与私密空间之间，通常一面或多面视线受到限制，而其余的面较为开敞，此空间具有一定的方向性，方向指向封闭较差的开敞面。

庭院景观空间类型按空间动静分主要有：①静态空间，以静态观赏为主的景观空间，是让人驻足、停留、休憩的空间；②动态空间，此类景观空间以动态体验为主，强调空间序列的变化及人们在游览过程中的观景感受。

庭院景观空间类型按空间主景分主要有：①地形空间，以山水地形为主营造的空间，此类空间最能影响人们的空间感受；②植物空间，以植物为主营造的空间，多呈现季节性的变化；③建筑空间，以建筑为主营造的空间，通常层次丰富、内外交融；④园路铺地空间，由园路或铺地为主营造的空间，能形成良好的休憩与活动场所；⑤地形、植物、建筑、园路铺地等共同配合形成的空间，内容丰富、景观效果好。

任务五　庭院构成要素

一、地形

地形是指地表各种起伏的形态，主要可以分为平地、凸地形与凹地形。当地形向上凸起时，就形成了山，当地形向下凹陷时，又成为水的载体，由此构成峰、峦、坡、谷、湖、潭、溪、瀑等山水地形外貌，在庭院中地形是景观设计的基底和依托，构成整个庭院景观的骨架，地形设计布置恰当与否直接影响其他景观要素的设计。同时，地形对于庭院景观空间分隔、视线控制、排水组织及小气候环境营造等都有较大影响。

二、水体

水是庭院景观的灵魂，能够增加景观的动感与亲切感，使庭院充满个性与魅力，营造自然亲切的景观与悦耳的声响效果。庭院水体景观类型丰富，主要包括水池、溪流、瀑布、叠水、喷泉及容器水景等，或动态，或静态，或开朗，或幽深。水体除了能够营造富有生机与活力的庭院景观外，还在增加空气湿度、降低热辐射、减少灰尘等方面产生积极的作用。

三、园路

广义的园路包括道路、广场、游憩场地等一切硬质铺装。狭义的园路指园林中起交通组织、引导游览等作用的带状、狭长的硬质地面。铺地也称为铺装，是指除园路以外提供人流集散、休闲娱乐、车辆停放等功能的硬质铺装地面。庭院中的园路与铺地往往相互穿插，共同形成庭院的交通脉络与游览路线。

四、建筑小品

建筑小品是既有功能要求，又具有点缀、装饰和美化作用，从属于某一空间环境的小体量建筑、游憩观赏设施和指示性标志物等的统称。庭院中的建筑小品主要有：亭、廊、花架、水榭等能够提供观赏与休憩的小型园林建筑；景墙、雕塑、花钵、瓶饰等装饰性建筑小品；围墙、园门、座凳、栏杆、花坛、园灯、洗手钵等实用性建筑小品。建筑小品在庭院景观中的比重一般都不大，但往往能够起到画龙点睛的作用。

五、植物

植物是庭院中最有生机与活力的部分，主要包括乔木、灌木、藤本、竹类、草本植物等。另外，盆景等造型植物在庭院中也应用较广。植物的形态、色彩、芳香、季相变化等都是庭院景观重要的组成部分。植物与地形、水体、建筑、园路等都能形成很好的协调关系。除了美化庭院环境外，植物还具有净化空气、保持水土、减少灰尘、降低庭院热辐射与噪声等作用。另外，植物还具有丰富的人文内涵，能够给人以精神寄托。

这些景观构成要素在营造庭院景观时并不是相互独立的，而是互相配合、相互依存的，共同构筑赏心悦目的庭院景观。

项目二 | 项目调研

任务一 项目调研流程

一、实施客户需求调研

客户调查主要是为了增加设计方和客户之间的了解。对于客户而言，他们需要了解公司的设计能力和公司实力；对于设计方而言，他们需要了解客户的需要，并负责向客户介绍公司情况及推荐合适的设计师给客户，这个过程对后期双方达成合作意向往往起到决定性的作用。

除了填写客户需求调查问卷外，调查过程主要围绕庭院风格、庭院功能、投入预算、庭院养护四个主要问题展开。

1. 庭院风格

一方面，庭院基本上都是半户外和户外空间，同建筑外观和室内装饰装修不能有违和感，才能赏心悦目。另一方面，庭院设计应明确客户需要什么样的庭院效果，选择什么庭院风格。但大多数业主对庭院设计的风格不太清晰。设计师可以准备一些不同庭院风格、景观小品意向图，在调查过程中展示并讲解，使沟通更加有效直接。通过交流，确定要赋予庭院的"感觉"，这种感觉包括庭院的色彩、植物的层次、搭配形式、铺装的肌理质感、庭院家具及饰品等元素，可构建一种为客户所认同的"庭院印象"，为方案设计提供设计方向。

图 2-1　简洁的庭院印象

图 2-2　乡村田园印象庭院

2. 庭院功能

明确客户要在庭院里做什么，期望有什么行为会在庭院里进行，例如：

烧烤台：使用频率一般不高，大部分庭院里的烧烤台往往只有装饰效果。

休闲茶区：根据使用频率、使用人数以及当地气候条件，综合考虑是否需要设置茶座区域。为了提升体验感，可考虑在构筑物内设置茶座，形成半开放的空间。

菜地：根据需求设置面积。菜园和花园同样需要投入大量的时间，才能保证其美观性。

运动健身：客户计划在庭院开展什么类型的健身？根据健身类型考量场地面积、位置。

由于庭院设计的私人定制特点，只要是符合庭院尺寸的行为需要都可以列入设计范围。设计师可以综合考虑使用目的、行为要求和庭院的面积、朝向、室内外空间关系、投入预算等因素，为庭院做好功能定位。

图 2-3　庭院餐饮区域

图 2-4　儿童游戏区域

3. 投入预算

在设计前期造价是一个敏感话题，也是业主方和设计师都关心的问题。明确沟通预算，不是为了利益最大化，而是为了实现更好的建成效果，更好地控制建造预算。在庭院的预算问题上，业主内心往往有一个控制范围。对设计师来说，在设计方案前掌握庭院的预算，可对标设计效果和建造成本，方便设计落地。对于这个必须提及的话题，设计师可以凭借行业经验给出一些建议。业主对庭院的品质追求不同，对应不同的设计手法、装饰材料、施工工艺，相应的造价也有所区别。例如，追求性价比的庭院设计，希望在"高性价比"的基础之上，追求庭院最佳的效果。设计上就要精减功能、优化材料以及施工工艺，一定不能"天马行空"地创意。

图 2-5　高性价比类型庭院

图 2-6　奢华庭院

4. 庭院养护

庭院建成后的养护方式也需要在设计前期考虑，这一问题直接影响庭院的造景形式。然而大多数业主和设计师在前期沟通时容易疏忽这一问题。无论任何类型的庭院，只有做好养护才能保证景观效果的持续呈现。否则，不出半年，便会杂草丛生，水池浑浊不堪、植物死亡、面目全非，使庭院失去生命力和秩序感，失去美的享受，人就不愿踏足庭院，使庭院设计失去了本身的意义。大致有以下三种业主。

（1）业主有园艺爱好，同时也有时间，能定期养护庭院，例如修剪树枝、翻土施肥、浇花喂鱼。及时的养护可使庭院生机盎然，春花秋实，井然有序。这种业主对庭院的追求往往更高，设计中应重视庭院造景。

（2）业主把庭院托给园艺公司专业养护，这种情况限制较小，能让庭院保持良好状态。

（3）大部分的业主不善打理，一般请小区物业的园艺工每月来养护一两次，由于专业性不强，很难保证景观效果。这种情况需要设计"懒人庭院"，从设计风格选择、植物选择、材料匹配、收纳功能、智能设备等方面着手，实现庭院的低养护和易养护。

懒人庭院绿地面积较少，养护工作主要是清扫和简单的修枝。这类庭院多采用木本植物，例如小乔木、灌木，以及生长较慢，变化不大，在一些地区几乎不用管理的多肉植物。

图 2-7　懒人庭院（1）　　　图 2-8　懒人庭院（2）

拥有较大植物种植面积的庭院。为了保持整形灌木、草地的干净且整洁，需要进行定时修剪、整形、除杂草等养护工作。否则时间一长就会变得萧条且凌乱。

庭院中的月季、草花、藤本类型的植物都要定期维护。月季大部分品种需要定期喷药；花境组景颜值较高，但维护相对复杂；藤本类植物长势过旺，对其约束与修剪较为麻烦。图 2-10，属于当代风格，时下流行的高颜值花境组景，采用灌木和草花搭配，为了维持花境的层次，需要投入大量的时间，春秋季节的播种、补栽必不可少。这类庭院如果长时间缺乏打理，会变得混乱且毫无章法。

图 2-9　需要定期养护的庭院

图 2-10　养护时间长的庭院

二、完成客户需求调查

　　根据调查，从客户基本信息、客户功能需求、客户需求分析、庭院意向图四个方面整理和总结客户需求，用于指导后续的方案设计。其中庭院意向图是根据表 2-1 为客户提供的庭院效果图，供客户选择，效果图可以帮助客户将抽象的想法具象化下来，有助于减少方案的修改。

表 2-1　客户需求调研

调研主题	内容	案例
客户 基本信息	风格喜好	
	性格特点	
	家庭成员	
	习惯爱好	
客户 功能需求	对功能分区 的需求	
客户 需求分析		
庭院 意向图		

三、市场调研

任何形式的调研都应该带着相应的目的性，才能体现调研的意义之所在。市场调研包括现场调研和网络调研。现场调研可以根据设计案例的类别有针对性地开展同类项目调研，也可以多到建材市场调研。线上调研则可以通过网络搜索引擎、微信公众号、小红书等各类平台调查网络上的案例。

1. 现场调研

对优秀的庭院设计案例进行现场调研，结合理性分析和真实感受，完成庭院设计现场调研报告。调研的具体内容，涉及庭院主人、建筑和景观设计风格、功能分区、水体设计、景观小品设计、景观营造方式等。

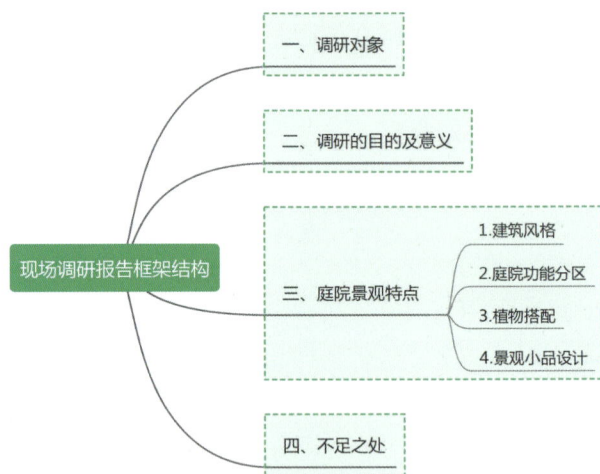

图 2-11　庭院设计现场调研报告框架

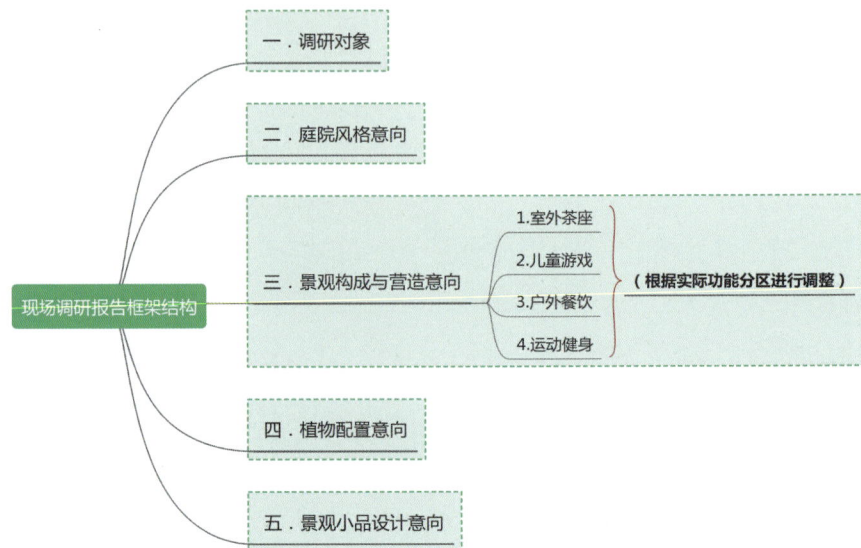

图 2-12　庭院设计网络调研报告框架

2.网络调研

根据调查问卷、客户约谈，结合现场调查得出的信息，网络调研类似的庭院设计，并且最后落实到该设计项目中，主要从调研对象、庭院风格意向、景观构成与营造意向、植物配置意向、景观小品设计意向等方面入手，搜集意向图，并完成庭院设计网络调研报告，作为景观方案策划的参考资料。

四、洽谈沟通方式

1.聊天式

闲谈是客户调研中必须的，可以帮助设计师和客户快速拉近距离，也可以从聊天中获得对客户的认知。但客户调查的关键是在有限时间内尽可能地获取更多、有效、准确的信息。聊天中应快速进入正式主题，而不是抱着随便的心态去调研。漫无目的的闲聊无法获得足够的需求信息，最后方案设计定位走偏、无法满足客户的真实需求。

2.提问式

在客户调研之前，经过调查问卷分析，准备好问题，避免遗漏问题。但是在这种方式下，客户调研经常会演变成法庭审问，有的设计师生怕漏掉什么东西，不断地向客户提问，显得生硬而缺乏人情味。会对客户产生压力和压迫感，带来不舒适感，尤其是在面对本身行政级别比较高的客户时影响会很不好。

另外对一些问题客户之前未经过深思熟虑，面对提问，客户往往会给出一个临时思考的结果，这种情况往往是引发后期需求变更的主因之一。

3.方案式

在调研之前通过简单的电话沟通、问卷调查，对要谈论的话题做一些网络调研，然后形成一个初步的解决方案，拿着方案去和客户沟通。

这种方式，从主体角度出发，起到引导客户的效果，有较强的带入性，尤其面对目的性不强的客户。缺点是方案本身会对客户的思维有限制，有时沟通仅涉及方案本身，结果方案之外的一些细节问题，甚至是重要问题却未能谈及。

五、现场勘测

现场勘测在庭院方案设计前十分必要，因为客户提供的图纸信息不能保证准确性，土建施工过程中有临时变更且不会体现在竣工图上。另外一些细节问题只能到现场才能掌握，如下水井、天井的位置，踏步的位置、尺寸等。

1. 制定现场勘测方案

表 2-2　勘测方案表

1	勘测时间	
2	勘测地点	
3	勘测人员	
4	勘测工具、仪器	
5	注意事项	

2. 实施现场勘测

（1）巡

先巡视一遍所有的场地，了解周围整体环境。跟业主一起绕着场地走，边走边沟通，了解业主的需求。

（2）画

画出场地建筑的轮廓和庭院的轮廓。不记录具体的尺寸，但要体现出建筑与庭院之间的前后左右连接方式。

（3）测

测量建筑的尺寸。

● 以建筑为基准，测量庭院的尺寸。

● 测量高差。

● 测量特殊物的尺寸，如现场原有的需要保留的构筑物；还有大树、围墙等。以建筑为基准来定位。

（4）标

● 标注门、窗的位置。

● 方向：在图纸上标注正北或者正南方向。

（5）记

● 记录建筑与周围建筑的关系，庭院出入口位置，周围街道的走向。

● 清晰记录周边环境中的有利、不利因素，作为方案设计中要解决的问题。

● 记录土壤特点，作为土壤改良的依据。

● 记录庭院原有的植物种类。

● 感受并记录光照，作为后期植物配置的依据。

● 详细记录建筑排水、庭院排水方向，井盖、市政管道的位置。

（6）取

● 庭院土壤取样，用于土壤分析，是否需要改良土壤或换土。

3. 整理勘测资料

现场勘测资料的整理，是庭院景观方案设计的基础，可为下一步的场地分析提供客观依据。

（1）留存备份勘测资料，并分类整理。

（2）按照以下表，归类整理勘测资料。

表 2-3　资料归类表

1	图纸	分类整理图纸，包括甲方提供的原始 CAD 图纸，现场测绘的图纸
2	照片	整理现场拍摄照片
3	记录	整合现场记录的数据、信息
4	样本	分析土壤样本

4. 整理完成场地前期调研表

表 2-4　场地前期调研

调研主题	内容	
区位分析	1. 场地位置	
	2. 周边的用地特征	
	3. 建筑与周围建筑的关系	
	4. 花园出入口位置	
概况分析	1. 设计任务	
	2. 明确场地的用地红线，道路红线以及建筑红线范围	
	3. 场地景观现状	
地质、地形、气候分析	土壤、地形、水文、光、温度、风等	
生态物种分析	动物种类以及生长状态	
	植物的种类以及生长状态	

任务二　项目调研案例——入户花园设计

任务简介

　　该项目是怀化盛世华都园区内的别墅庭院设计，该小区位于湖天开发区怀化天星东路与顺天路交会处（市体育中心向东），是一个由川渝投资商拟投资 50 亿元建设的一个超大型高尚商业住宅综合体。具体项目为联排别墅包括入户花园和后花园两个部分，面积有 100 余平方米，面积较大。

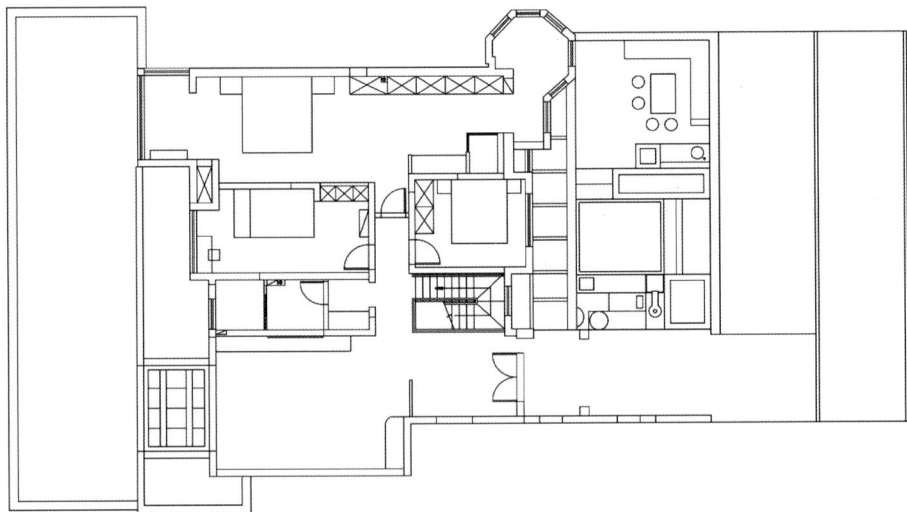

图 2-13　项目原始平面图

一、客户需求调研

　　调研是场地分析的前提，主要分为两部分：客户需求调研、场地前期调研。在这个子任务中，需要整理实际调研中获得的图纸、照片、记录、样本等数据和信息，并且分析整合掌握的各类信息，根据分析结果，综合考虑各项因素，明确设计方向。

　　（一）填写调查问卷表

　　将调查表发给客户填写，或者通过电话访问填写。随后，根据调查问卷表展开分析，初步拟定设计思路，准备约见客户需要的资料，包括各类设计风格、功能、景观小品的意向图。根据问卷调查结果，准备庭院方案设计相关的问题。

（二）完成调研

做好设计前期调研，根据客户的喜好、庭院的尺寸准备合适的庭院设计效果图，方便在约谈时引导客户，以便快速明确客户的意向。

（三）约见客户

与客户确定面谈时间，并在当天提前 20 分钟到达见面地点，一方面避免迟到，另一方面可以提前理顺沟通思路。和客户当面沟通，应明确客户的需求，方案设计的定位，确定设计的方向、功能、预算、养护方式等。

（四）整理客户需求调研表

总体概括和整理前面的调研工作，形成客户需求调研表，这个表格对方案设计具有指导性的意义。

二、场地前期调研

经过现场勘察与调研，获得项目一手资料，记录相关建筑、庭院尺寸数据，用于庭院设计的前期分析。

图 2-14

图 2-15

图 2-16

图 2-17

图 2-18

表 2-5 场地前期调研表

调研主题	内容	案例
区位分析	场地位置	该项目是一个川渝投资商拟投资 50 亿元建设的一个超大型高尚商业住宅综合体。项目位于怀化主城核心 5 公里圈内的城市未来拓展领地——天星东路区域的中心
	周边的用地特征	该项目毗邻市体育中心、五中和已规划的 8 万方大型纯商业体及综合市场，1 分钟车程到高铁车站、市中医院和已规划的杨村公园，3 分钟车程到三中、市委、步步高商场，是一个出则尽享城市繁华、入则畅意雅筑美景的珍稀地段。
	与周围建筑的关系	项目总规划占地 1000 余亩，其中住宅部分净用地 600 余亩，另还有约 73 亩专属的草堰溪流域作为小区私享景观，规划住宅区域的建筑面积达 158 万平方米，其中高层住宅 117 万平方米、多层住宅约 4 万平方米。小区建筑密度仅 17%，景观大气磅礴，以法式宫廷园林的浪漫、华丽、宏伟为精髓，11 条阔廊景观轴线，楼间距达 90 米左右，将宜人庭院、湿地溪景、动人水域、浪漫色彩进行了精致搭配，为业主打造一个大城大美的画卷。小区户型丰富，从 47 平方到 180 平方，平、错、跃科学配比
	花园出入口位置	入口在花园西南角

续表 2-5

调研主题	内容	案例
概况分析	设计任务	完成入户花园的设计及施工图绘制
	明确用地，道路红线	
	场地景观现状	院内地块狭长 
地质、地形、气候分析	土壤、地形、水文、光、温度、风等	土壤黏性较强，需改善土壤
		阳光充足
		地形平坦
生态物种分析	动物种类以及生长状态	生态环境良好，各种昆虫、鸟类常伴
	与植物的种类以及生长状态	花园内外种植有金叶女贞灌木

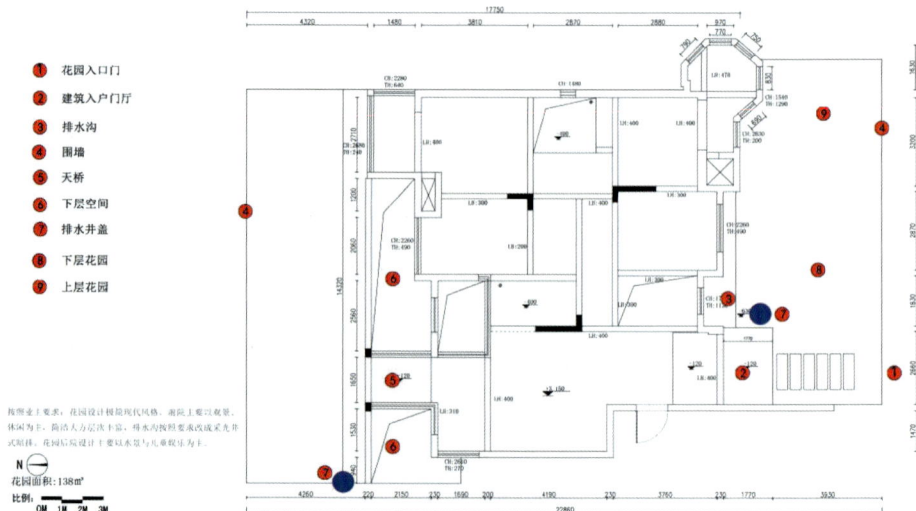

图 2-19 庭院测量后整理的 CAD 图纸

三、庭院场地综合分析

经过子任务一用户需求调研和子任务二场地前期调研，设计方已经掌握了与场地相关的基础信息。接下来需要在此基础之上整合并分析原始资料，对场地建立起整体认知，从场地潜在问题与场地优势出发，提出解决问题的方法和场地优势的利用形式。

表 2-6   庭院场地综合分析

分析主题	内容	案例
有利因素	有利因素	庭院光线好 入户花园呈规则的狭长地块，具有较好的潜力
	拟定利用策略	结合功能分区，设计空间围合方式，体现人性化的特点。合理的规划设计可以形成丰富的空间效果

四、庭院功能分区划分

明确庭院功能分区，首先要通过市场调研，列出常见的庭院常用的功能分区，包括庭院入户、室外门厅、休闲区、餐饮区、会客区、种植区、泳池区、娱乐区、储藏空间等。然后根据庭院的大小结合客户的个人需求，对庭院的功能分区进行取舍，确定需要划分的功能区域。

表 2-7　花园功能分区

	庭院功能分区
明确功能分区	1. 入境 2. 阅院 3. 礼院 4. 水院 5. 小憩 6. 童年

五、绘制庭院功能分区气泡图

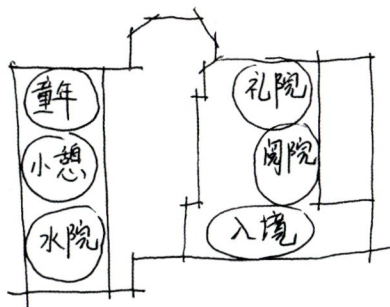

图 2-20　庭院功能分区图（草图）

六、空间动线策划

　　花园的流线设计，要确保庭院中的各个功能区域之间有良好的交通流线，方便人员的出入和活动。可以在功能分区图的基础之上，规划庭院功能分区之间的行为动线。用流线分析草图直观反映花园内人的行为动向，要充分考虑客户的习惯与行为，花园的出入口、各功能分区的位置与关系，道路与景观节点的关系。将一定的空间组织串联起来，通过流线设计划分出不同的功能区域，达到分割空间，体现设计理念等目的。

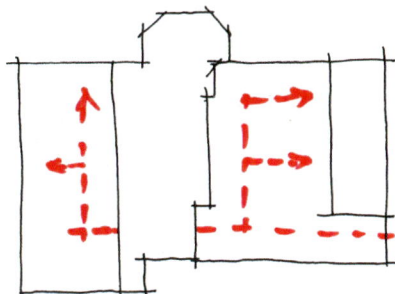

图 2-21　流线分析图（草图）

七、功能分区景观营造设想

表 2-8　功能分区景观营造设想

功能分区主题	入境、阅院、礼院、水院、小憩、儿童	
根据前期资料查询与分析结果，拟定本项目的功能分区。并对其进行初步设想	景观营造形式	（1）对外展示 通过简洁的草阶、列植的引导，简约却不简单
		（2）入境：入户通行 硬质铺装保证其便捷通行
		（3）阅院：阅读、休闲 通过植物围合形成半开放空间，植物环绕的静态空间。结合水景，带来听觉的享受
		（4）礼院：室外茶座 通过围合与空间的抬高，形成半封闭空间，保证私密性。同时设置沙发、茶几，具备基本的餐饮功能
		（5）水院：动静结合，运用跌水和静水的结合，以汀步融入水景，增加了水的体验感
		（6）小憩：在静态水池旁边设置躺椅，听着流水声，悠然小憩
		（7）儿童：设置儿童游戏滑梯

八、景观小品设计

结合景观节点与功能分区，从空间形式、意向图、材料运用三个方面，深入设计与思考景观小品的景观营造。根据功能分区的营造形式，从空间分隔、景观小品和材料运用三个方面入手，开展网络调研，搭配意向图，目的是将抽象的想法转变成为直观的设计形式。

表 2-9　景观小品设计

景观小品	空间形式	意向图	材料运用
院中小憩	通过植物围合形成半开放空间，植物环绕的休息空间		 芝麻白花岗岩

续表 2-9

景观小品	空间形式	意向图	材料运用
院中小憩			
入户跌水	小型跌水，位于休憩区旁，带来潺潺水声		 芝麻白花岗岩
室外茶座区	竖向上升空间，设有沙发、茶几，具备基本的餐饮功能		 黑色大理石
入户铺装设计	使用青石板，采用工字，石板中间露出草坪，制造出一种踩在汀步上的感觉，兼具功能与视觉效果		 青石板
水院	室内可以直接看到水景。景墙为石材肌理。三个跌水组合模拟瀑布。动态水景与静态水景结合		 防腐木

续表 2-9

景观小品	空间形式	意向图	材料运用
水院	室内可以直接看到水景。景墙为石材肌理。三个跌水组合模拟瀑布。动态水景与静态水景结合		青石板
小憩	在静态水景旁设置躺椅		芝麻灰石材
儿童游乐区	为客户家庭的两个男孩提供玩乐需要		epdm 塑胶材料

九、植物配置

表 2-10　植物配置

配置区域	种植形式	配置植物	意向图
入口引导景观	以大面积草阶为主引导进入院落部分采用列植方式，以小乔木搭配草花、灌木，以及草坪地被，形成线性引导行人进入庭院	植物 小乔木：紫荆 灌木：金叶女贞 草花：金鱼草、鼠尾草	
入户花园	树池中孤植观叶、观花小乔木，搭配草地	小乔木：树池中孤植中华木绣球	
	座椅后面的花池列植灌木，搭配一棵小乔木，形成较为简洁的背景	座椅后面的花池 小乔木：桃花列植观叶，观果 灌木：南天竹	

续表 2-10

配置区域	种植形式	配置植物	意向图
入户花园	另一侧长条形花池中以丛植的形式种植各类花灌木、草花形成色彩丰富的花境	花灌木：杜鹃、迷迭香。草本：百子莲、银叶菊、玉簪、鹤望兰、肾蕨、虎耳草	
	树池中孤植观叶小乔木，搭配草地。	小乔木：树池中孤植迎客松	

十、庭院平面图形设计

表 2-11　明确庭院平面构成形式

风格	构成元素	景观类型	构成		
	点	节点	景观小品　（　景墙、石景　）		
	线	道路	直线（　　　　　　） 折线（　　　　　　） 曲线（　　　　　　）		
	面	功能分区	矩形（　　　　　　） 圆形（　　　　　　） 三角形（　　　　　　） 自然图形（　　　　　　）		

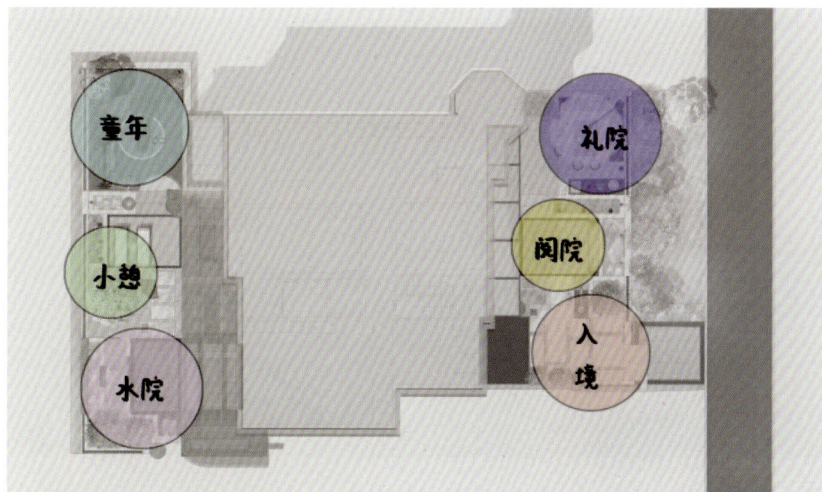

图 2-22　庭院功能分区图分析图

十一、方案表现

（一）将CAD平面图导入SketchUp，完成建模。

图 2-23　SketchUp 建模图（1）

图 2-24　SketchUp 建模图（2）

图 2-25　SketchUp 建模图（3）

（二）渲染

本案例采用 Lumion 渲染器渲染出图。Lumion 渲染器的特点是实时高效，但带有卡通动漫风格。

图 2-26　Lumion 渲染图（1）

图 2-27　Lumion 渲染图（2）

图 2-28　Lumion 渲染图（3）

十二、方案汇报 PPT

图 2-29

项目三 | 项目方案策划

任务一　项目方案策划流程

一、庭院设计常用的功能分区

在设计庭院的时候要遵循实用性原则，首先划分功能区，再进行具体的景观构造，这样设计结果才是条理清晰、区域分明的庭院。并非每一个庭院都需要拥有全部的功能，设计师应在符合庭院尺度的基础之上满足客户的需求。

1. 庭院入户

庭院入户区是进入庭院的第一个区域，也是对整个庭院的第一眼印象，几乎每个庭院都包含这一功能区域。其设计形式多样，可根据庭院的风格、位置、大小和方位设计入户区。通常以庭院的边界，低矮的围墙、围栏或植物，围合成封闭空间，以加强空间的私密性和专属感。这种设计的优点是把前院与小区车行道分离，建立私密的空间。

图 3-1　庭院入户区域（1）　　　图 3-2　庭院入户区域（2）

2. 室外门厅

室外门厅作为室内与室外之间的过渡，提供一个停留及聚集的空间。为了满足这些功能要求，室外的门厅在尺寸上要比入口步行道大，以铺装的变化和加宽强调其集散功能。可以结合软装、雕塑、植物盆栽等进行装饰，体现主人的热情好客、亲切感，营造一种愉快的氛围。

3. 休闲区

休闲区作为室外客厅，是庭院最重要的区域之一，主人在户外的休闲放松，小酌阅读，闲聊小聚，主要在休闲区内。因此，庭院休闲区的氛围通常较为轻松，需要给人悠闲自在的感觉。庭院的休闲空间应当设在平地上，并有一定坡度，以保证排水。

　　休闲空间通常以铺装形式分割形成较为独立的空间，还可以运用抬高或者降低空间的方式分隔空间，形成限定感，以强调其特殊性与重要性。而铺装轮廓形状取决于休闲空间的类型。休闲空间的设施常见的形式有木平台、沙发桌椅，户外凉亭，嵌入式卡座，秋千等。观景区常常和水景区、花境等区域结合在一起。

4. 餐饮区

　　餐饮区也是常见的庭院功能区之一，主要是室外厨房和用餐区域，具体包括操作台、储物柜、灶台、烧烤架、餐桌等。可根据实际情况计划餐饮区的大小以及具体功能。

图 3-3　庭院门厅（1）　　图 3-4　庭院门厅（2）

图 3-5　庭院休闲区（1）　　　　　　　　图 3-6　庭院休闲区（2）

图 3-7　庭院餐饮区（1）　　　　　图 3-8　庭院餐饮区（2）

5. 会客区

会客区的场景与休闲区相似，但较休闲区更为庄重一点。家具选择上与休闲区有所不同，休闲区通常布置休闲座椅，而会客区更倾向于较为正式的组合沙发，功能方面也较休闲区更为齐备一些。

6. 种植区

（1）小面积的庭院种植区主要和功能区结合在一起合理配置。例如，入口区域的植物组景，可采用地栽结合花盆种植的形式；步道两侧搭配植花境或植物组景；休闲区、会客区等人停留较多的区域，重点打造植物种造景形成对景。这些设计都可以打造出生机盎然的庭院景观。

（2）大面积的庭院除了小庭院的种植形式，还可以开辟出单独的种植区，专门打造小花园、花境、菜地等。

图 3-9　庭院会客区（1）

图 3-10　庭院会客区（2）

图 3-11　庭院花草种植区（1）

图 3-12　庭院花草种植区（2）

图 3-13　庭院种菜地（1）

图 3-14　庭院种菜地（2）

也可以以花坛、花盆来打造庭院种植区。种植区是花园中常见的一个实用区域，作为一个消遣的空间，用于种植水果、蔬菜、花卉等。为了充分发挥作用，园艺空间应该设在肥沃的、排水通畅的平地上，且光照充足。

7. 泳池区

泳池是非常有魅力的庭院功能区，同时也是最贵的。除了占据的庭院面积较大，其使用时间也因天气的问题而缩短。但这并不能妨碍大众对泳池区的向往。

图 3-15　庭院泳池（1）

图 3-16　庭院泳池（2）

8. 娱乐区

娱乐空间能容纳个人与小团体在其中休闲、交流，同时为孩子提供亲近探索大自然、安全的户外娱乐空间。该空间的大小由家庭人数及庭院大小决定，应尽量避免狭长的轮廓。大尺度的娱乐空间，可以划分成一系列的小空间，每个小空间包含一个特定的功能，例如休息、游乐、运动、日光浴、读书等。可以利用不同的平面构成、铺筑材料和高差实现空间的分隔与关联。

图 3-17　庭院娱乐区（1）

图 3-18　庭院娱乐区（2）

9. 储藏空间

储藏空间的功能是储藏材料、园艺设施等，应靠近车库或地下室，方便材料与设备的搬运。储藏区应搭配质地坚硬、耐磨、防滑的地面，以植物、隔断、围墙等形式进行围合遮挡。

图 3-19　庭院储藏空间

二、小庭院功能分区的简化

当庭院面积较大时，设计师可以根据客户的需要，参考以上常用的功能分区，划分每一个功能区。但实际设计中，小型庭院设计的业务更为普遍。当庭院面积小于 100 平方米，即可定义为小庭院。

由于小庭院空间不大，将庭院空间划分成多个功能分区，加上分隔，容易导致场地过于琐碎导致缺乏重点，各个小空间拥挤局促，大大降低了舒适度和实用性。为避免前述问题，小庭院设计可采取以下策略。

1. 化繁为简

小庭院的功能分区应控制在 3 个以内，并且要有主次之分，合理划分各功能分区，以保证空间的整体性。

图 3-20　庭院泳池与休闲功能

图 3-21　庭院单一休闲功能

2. 多功能合并

减少功能分区的同时，为了保证功能的齐全，可将多种功能结合在一个功能空间中，提高空间的利用率。例如，将聚餐区和茶座休闲区结合在一起，将烧烤区和餐桌椅结合在一起，将种植区、洗手盆和工具箱之类功能性的设施结合在一起，将休闲区和种植区结合在一起，将收纳区和休闲区结合在一起等。

图 3-22　庭院多功能空间结合（1）

图 3-23　庭院多功能空间结合（2）

三、庭院空间序列组织

明确庭院需要设置的功能空间后，后续任务是完成空间的布局与组织，形成空间序列。

第一步：划出必要的功能分区，明确景观庭院中要布置哪些功能分区。

第二步：规划路径，在庭院中人使用时的行为路线。

第三步：规划空间序列，着重思考功能分区在路径上的先后顺序。

一方面，庭院的空间组织，需要结合建筑室内空间序列同步展开。例如餐饮区应该处在与室内餐厅和室外进餐空间相联系的地方。最理想的状况是，室内外就餐空间直接相连。

另一方面，庭院空间的组织，要根据主人的心理需求、生活习惯布局，体现实用与便利性。例如，主人的爱好是在庭院中安静地看书，那么可以在庭院的尽头处设置休闲空间，并运用合适的围合方式，营造半开放空间。

图 3-24　利用庭院边角设置休闲空间（1）

图 3-25　利用庭院边角设置休闲空间（2）

第四步：用气泡图的方式，将功能分区按照考虑好的序列逻辑进行组织，着重思考路径与功能分区之间的关系，是路径穿过功能区还是路径经过功能分区。

第五步：推敲其各功能分区之间的关系，是并存关系还是包容关系，为空间组织做基础。

四、气泡图的绘制

气泡图看似简单的几个圆圈，实际却并不简单。气泡图是在方案生成初期，用一系列设计语言去表达设计构想和功能关系的概念图。简单地说，可以通过气泡的形状和摆布方向，体现设计师对景观空间的布局思路。

庭院设计的气泡图的设计语言主要包括面和线。

1. 面元素

不规则的面状体，也就是"泡泡"，常常用来表示功能分区。泡泡中间可以包含其他泡泡，从而表达空间的套叠结构；而规则的形态，往往来表示建筑或者结构体。

2. 线元素

带着箭头的线性符号，用来表达景观中的流线关系、路径方向等动态的功能关系，可以通过不同的线条粗细，体现其重要性。

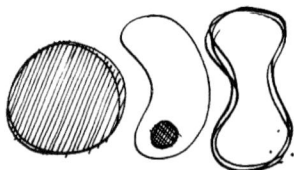

| 图 3-26　气泡图中面元素的表达 | 图 3-27　气泡图中线元素的表达 |

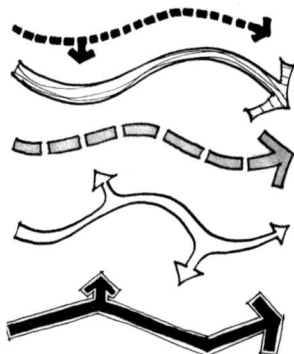

气泡图是方案的抽象，可以帮助设计师理清思路、控制整体。泡泡图注重空间的划分和功能性以及场地问题的解决，保证了设计的美感和功能性的平衡。通过泡泡的大小反应空间的规模大小，可以通过线性要素的加入来反映场地的流线组织，还可以通过进一步细化来展示具体的设计意图。

所以真正的泡泡图不是只画几个泡泡就完事，它不是单纯表达功能分区的位置和大小，还能表达各个空间私密度的划分、场地动静属性的划分，更重要的是要反映我们所划分区域或空间之间的互动和串接关系。

五、景观空间营造

庭院设计的方案构思环节完成了功能布局后，需要深入到各功能分区中，思考具体的空间营造形式，要形成一个什么氛围的空间环境。主要从空间界面的塑造和空间类型两个方向展开思考。

1. 空间界面

在室外环境中，底面、垂直面、顶面共同组成了不同使用功能和感觉的各种空间。这三类界面在景观环境中结合丰富的景观要素可组合形成多种变化。设计师必须决定哪种围合方式以及围合程度，最适宜某个空间，使之适宜地块的用途和基调。

（1）底面

底界面由水平方向的景观要素构成，如水、沙、草地、铺地等，这些景观要素又分为软底界面和硬底界面，也就是常说的软硬质。由于尺度不大，庭院设计的底界面，以精致为主，可采用多种形式的组合达到丰富的效果。

图 3-28　庭院底界面设计（1）

图 3-29　庭院底界面设计（2）

（2）垂直面

垂直面由垂直方向的景观要素构成，包括建筑外墙、树木，水幕，构筑物，设施等。在景观环境中，最常见的竖界面是树木，起到隔断、围合空间的作用，可以较好地限定空间。

图 3-30　庭院垂直面设计（1）

图 3-31　庭院垂直面设计（2）

（3）顶界面

在景观环境中顶界面主要包括树冠和构筑物，出现和使用的频率不像底界面和竖界面那样频繁。

图 3-32　庭院顶界面设计（1）

图 3-33　庭院顶界面设计（2）

2. 空间类型

美国建筑师路易斯·沙利文提出，设计要"形式追随功能"，换言之空间的形态是与功能息息相关的。空间按界面围合的封闭程度，可以分为开敞空间、半开敞空间、封闭空间三种不同的类型。空间尺度指空间单元三维量度上的大小。空间开合即空间单元的围合程度。两者具有很强的相关性。影响空间封闭感的因素有很多，主要有：界面的围合程度、界面高度、观察者与空间界面之间的距离等因素。侧界面不同程度的围合产生不同类型的空间，侧界面可能是植物、构筑物、墙体等元素。

（1）开敞空间

开敞空间是外向型的空间，限定性和私密性较小，强调与空间环境的交流、渗透，讲究对景、借景、与大自然或周围空间的融合。空间中没有高大的可遮挡视线的侧界面。

如图 3-34，图 3-35 所示，开敞空间由低于视平线的低矮灌木、花草、绿篱及地被植物形成，四周视线开阔，完全暴露在天空和阳光下，让人感觉舒畅、自然。要注意的是，站立时的视线和坐卧时的视平线高度不同，要根据使用功能要求选择植物的高度。

图 3-34　庭院开敞空间营造（1）

图 3-35　庭院开敞空间营造（2）

（2）半开敞空间

半开敞空间是指在一定区域范围内，周围并不完全开敞，有部分视角被遮挡起来。半开敞空间的特点是视线时而通透，时而受阻，富于变化。半开敞空间是从开敞空间到封闭空间的过渡，有两种表现形式：一是指人的视线，透过稀疏的树干可到达远处的空间；二是指空间开敞度小，单方向，一面隐蔽性，另一面透视。半开敞空间可以借助地形、山石、小品、墙体等园林要素与植物配置来实现。半开敞空间的障景能够抑制人们的视线，从而引导空间的方向。利用植物配置，如高大的乔木、中等灌木与低矮灌木的组合是半开敞空间的最常见组合。

图 3-36　庭院半开敞空间营造（1）

图 3-37　庭院半开敞空间营造（2）

（3）封闭空间

视线在垂直界面以及上方被屏蔽的空间，即为封闭空间，其空间特点是私密性与隔离性强。

当人处在四周用植物材料封闭、遮挡的区域范围内时，其视距缩短，视线受到制约。四周屏障植物的顶部与视线所成的角度愈大，人与屏障植物愈近，则封闭性越强。闭合空间容易产生亲切感和宁静感。在植物营造的相对封闭的静谧空间中，人们可以进行读书、静坐、交谈、私语等安静性活动。此种空间常使用高大的乔木、小乔木、高灌木等植物。

图 3-38　庭院封闭空间营造（1）

图 3-39　庭院封闭空间营造（2）

围合是人们对空间的一种基本限定方式，竖界面的运用是形成空间的最明显的手段。围合具有私密性的功能。围合界面的虚实比例是不同的，使得空间显现出不同程度的围合感，也就是围合的程度。在庭院设计的设计和表现中，需要充分理解空间是由哪些元素围合形成的，结合功能空间的特点选择适合的空间围合形式。

任务二　项目方案策划案例——景观阳台设计

项目任务简介

该项目是位于某小区的一套洋房位于客厅的阳台设计，客户希望打造一个景观阳台，既可以满足自己的爱好——养花、看书，又需要兼顾其使用功能——清洗、晾晒功能。

图 3-40　项目实景一　　　　图 3-41　项目实景二

一、客户需求调研

调研是场地分析的前提，主要分为两部分工作内容：客户需求调研、场地前期调研。在这任务中，需要对实际调研中获得的图纸、照片、记录、样本等数据和信息进行整理，并且对掌握的各类信息进行分析、整合，根据分析结果，综合考虑，明确设计方向。

从客户对庭院的风格喜好、性格特点、家庭成员、习惯爱好、功能分区等方面的需求信息进行整理。

表 3-1　客户需求调研

调研主题	内容	案例
客户 基本信息	1. 风格喜好	温馨、自然

调研主题	内容	案例
客户 基本信息	2. 性格特点	男主人和女主人性格较为开朗
	3. 家庭成员	长期居住者 2 人，男主人、女主人
客户 功能需求	1. 习惯爱好	1. 男主人都是朝九晚五的上班族 2. 女主人喜欢养花
	2. 对功能分区的需求	1. 洗衣池
		2. 阳台作为休闲区域
		3. 种植一些植物
客户 需求分析	客户希望得到一个温馨、自然的阳台，可以种植一些花草，休闲时刻可以在阳台欣赏鲜花，晒晒太阳，看看书	
阳台 意向图		

二、阳台功能分区

阳台常见的功能包括晾晒、清洗、储藏、休闲、种植等，但由于阳台普遍较小，需要巧妙安排。根据阳台的大小，结合客户的个人需求，对庭院的功能分区进行取舍，确定需要划分的功能区域。

表 3-2　阳台功能分区

明确功能分区	阳台功能分区
	1. 休闲区 2. 生活阳台区

三、绘制阳台功能分区气泡图

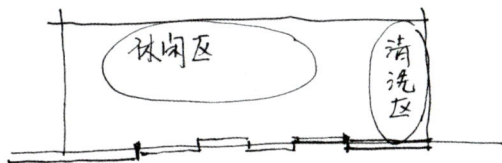

图 3-42　阳台功能分区气泡图

四、功能分区景观营造设想

在子任务八中，需要根据前期资料调研与分析和功能分区、流线设计，规划每一个功能分区较为细节的营造形式。

表 3-3　功能分区景观营造设想

功能分区	入户区、水景区、取水点及工具存放区、蔬菜种植区、室外会客区、室外活动区、种植区、晾晒区	
根据前期资料查询与分析，拟定本项目的功能分区，并对其进行初步设想	景观营造形式营造形式	（1）休闲区 将庭院枯山水引入阳台景观
		（2）清洗区 设置洗衣池，使阳台增加实用功能

五、景观小品设计

结合景观节点与功能分区，从空间形式、意向图、材料运用三个方面，深入思考与设计景观小品的景观营造。根据功能分区的营造形式，从空间分隔、景观小品和材料运用，进行网络调研，搭配意向图，目的是将抽象的想法转变成为直观的设计形式。

表 3-4　景观小品设计

景观小品	空间形式	意向图	材料运用
休闲区	将庭院枯山水引入到阳台景观中。		 室外实木菠萝格拼接木地板

项目四 ｜ 项目方案设计

任务一 方案设计及汇报流程

一、庭院平面中的点、线、面元素

设计专业的学生在大一都有一门专业必修课程——《平面构成》，其中点、线、面是平面构成的三个基本元素。点、线、面也是造型艺术设计的重要语言，在庭院景观设计中同样发挥着重要的作用。庭院设计平面图的景观功能空间和道路铺装都会以一种具体的视觉形式呈现。因此，在平面设计中可以利用点、线、面元素，设计出丰富的景观视觉效果。

图 4-1 点、线、面

1. 点

点是最小的视觉单位，可以通过运动形成线。点分为单点和多点。单点有坐标和聚集、聚焦的功能。庭院设计中的点表现形式为局部的景观节点，如雕塑、景墙等各类景观小品、景观构筑物、孤植树以及各种设施等。

图 4-2 庭院设计中的单点（1）

图 4-3 庭院设计中的单点（2）

图 4-4 庭院设计中的复点（1）

图 4-5 庭院设计中的复点（2）

把点按不同的表现形式进行排列组合即为复点。点有秩序地重复，可以表现出丰富的韵律感。点在庭院设计中的重复应用，表现形式有树阵、汀步、地砖铺地、景观灯柱等。

2.线

线具有长度。它是点的运动轨迹，有方向性与运动感；线也是面的边界，是面的转折。庭院设计中，线元素可以带来明确的方向感，同时又是实现景观造型和构图的重要元素，平面图中的道路就是线元素的运用。线包括直线、斜线和折线，以及曲线。

（1）直线：给人以硬朗、清爽、明快、现代的感觉，在庭院设计中起到分割和连接空间的作用，形成整体的结构和动势。强劲有力的直线在庭院设计中具有强大的视觉冲击力，更能彰显作品的清晰、简洁。现代风格的庭院设计多运用直线，表现简约的高级几何美。

图 4-6　庭院中直线的运用（1）　　图 4-7　庭院中直线的运用（2）

（2）斜线和折线：灵动、活泼的斜线和折线同样有着鲜明的个性，斜线是偷懒的直线，而折线是会跳舞的直线。斜线拥有善变的倾斜角度，折线不对称的造型，使二者都能在庭院设计中营造灵活、动感的设计效果。

图 4-8　庭院中斜线的运用（1）图 4-9　庭院中折线的运用（2）

（3）曲线：相对于强劲的直线，庭院设计中运用曲线，可使设计富有流动感，给人一种优雅、柔和的视觉体验。设计师应合理运用曲线，使庭院设计作品更靠近自然，充满生机和自由活力。

图 4-10　庭院中曲线的运用（1）

图 4-11　庭院中曲线的运用（2）

3.面

面是线横向移动的轨迹，是设计中重要的景观造型元素，庭院景观平面图上所有的功能区都可以用面来概括。具体的图形外形轮廓，分为几何形、自然形两个大类。

（1）几何形的面元素

庭院设计中最常用的几何图形有矩形、圆形。几何形状的特点是易于复制，规律鲜明，给人一种理性、严谨的视觉感受，多用于水池、花坛、地面、树阵、规则草坪等景观元素。

①矩形

矩形以其平稳、安定和整齐的特点而著称，特别是那些符合黄金比例的矩形，更具美感。在建筑设计中，可通过延伸建筑轮廓上的直线，并辅以水平线，来构成矩形，确保所有轮廓线与这些直线保持平行。这种构成形式逻辑性强，形式简洁明了，且交通组织高效便捷。

一般而言，矩形同建筑原料形状相似，具有节省工时费、材料费的优点，因此矩形是庭院设计中最常见的组织形式。矩形最容易与中轴线对称搭配，常用于现代风格，符合大众审美。

图 4-12　庭院中矩形的高差变化

图 4-13　庭院中矩形的运用

矩形的形式尽管简单，恰当运用也能设计出一些不寻常的有趣空间，特别是把垂直因素引入其中，把二维空间变为三维空间以后，通过台阶高差的变化，丰富空间效果，可突破矩形的单一感。

②圆形

圆具有浑然的张力，且蕴含哲理，容易吸引视线，成为庭院中天然的景观节点，同时它的存在也能和其他不同的面和谐配搭。

③三角形

三角形带有运动的趋势，能给空间带来动感，随着水平方向的变化和三角形元素的加入，这种动感更加强烈。三角形面的景观元素，稳定中带有醒目的视觉效果。

④多边形

多边形带来一种平衡感和舒适感的同时又不缺乏独特性，运用多边形能够营造出一些具有特殊功能的景观节点。

图 4-14　庭院中圆形的运用（1）

图 4-15　庭院中圆形的运用（2）

图 4-16　庭院中三角形的运用（1）

图 4-17　庭院中三角形的运用（2）

图 4-18　庭院中多边形的运用（1）

图 4-19　庭院中多边形的运用（2）

（2）自然图形

自然形由不规则的曲线组合而成，形态优美，富有想象力，可模仿大自然中的形态轮廓，多用于自然式景观。将多种形状的面按照一定的形式法则组合，可产生舒适的空间感受。

图 4-20　庭院中自然图形的运用（1）

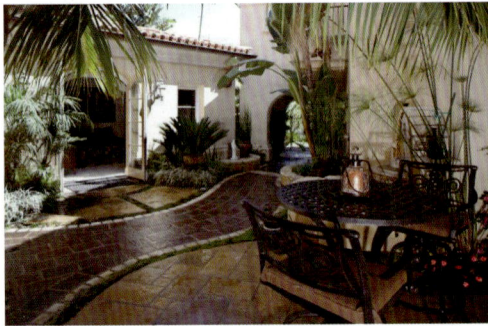

图 4-21　庭院中自然图形的运用（2）

二、庭院平面设计中常用图形组合形式

每一张庭院平面图上都能找到点、线、面元素的构成形式，但选用什么类型的点、线、面元素，取决于庭院设计方案的理念选择、主题设计、场地整体布局以及风格等因素。例如，从线型来说，现代简约风格式庭院重点在表现几何美、简约美，多用直线；中式庭院喜欢用曲线，折线，目的在表现含蓄美；而日式枯山水中在白沙上的曲线纹路，表现的是意境美、肌理美。从下面景观平面图中可以看到，基本图形呈现方式并不会孤立或者简单地出现，往往需要运用一定的组合形式，让图形的应用更灵动。设计中可采用分离、嵌套、减缺、穿插、相接、重复等构图手法。

图 4-22　圆形与矩形的组合

图 4-23　圆形与三角形的组合

三、庭院铺装设计

铺装在庭院设计中起到连接各功能空间的作用，一般表现为庭院道路。较大的庭院道路可以分为主路、园路和小径三个级别引导人在花园内行走。主路主要是从建筑到庭院、入户到室内的路径。园路指庭院中连接功能区的道路。小径是指有趣味性的休闲步道。面积较小的庭院在铺装上以实用为主，更强调铺装的整体性，而较小的庭院只包括园路和小径两个级别的铺装。

庭院铺装应结合庭院风格意向设计，例如自然风格、现代风格、乡村风格、中式风格。设计中可沿步行道营造各类植物、雕塑、流水等景观小品，步道行进中各类景致的转换，让步行道情趣盎然，从而营造愉快且安全的氛围。

庭院铺装的材料丰富，不同的材料与铺设形式都会影响最终的铺设效果。常见的庭院铺装材料有石材、砖、木材等。铺装材料最好与室内装修形成呼应，以达到色彩、质感上的平衡和谐。

1.石材铺路

天然石材的种类丰富，常见的有自然或裂纹石板地面、燧石地面、青石板地面、碎拼石块地面等。从经济和便于运输的角度，建议选择当地出产且耐用的石材。

图 4-24　花岗岩

图 4-25　砂岩

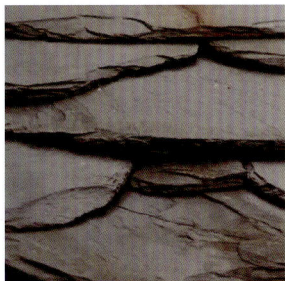
图 4-26　页岩

在众多天然石材中，花岗岩以其色彩多样、硬度大，表现最为突出，装饰地面和墙面都是非常理想的选择，因而应用最为广泛。页岩在石材中是比较便宜的选择，有绿色、黑色、灰色、红色、黄色等丰富的色彩可以选择，价格上暖色要比冷色贵些。另外，常用的还有砂岩，砂岩不属于花岗岩，颜色很多，质感比较柔和，触感也好，所以受到越来越多的青睐。还可以用砂岩作出碎拼等效果。石材铺设有以下几种常见的铺设效果。

（1）自然石板铺地：图案不规则的路面，给人厚重、自然、朴实的自然之感。

（2）矩形或圆形石板铺地：切割规则的石材铺地，凸显铺装的精致感与品质感。

图 4-27　自然石板铺地　　图 4-28　矩形石板铺地

（3）嵌草石板铺地：在铺装材料的间隙之间，种植花草，使得花草和石块之间相互交错融合，形成人与自然和谐共处的效果。汀步是一种常见的庭院铺装形式，是一种仿照水中踏石的铺装方式。这种形式自由灵活，可使庭院变得趣味横生。

（4）砾石铺地：砾石的颗粒介于沙和卵石之间，质感相对细腻。石板搭配石子肌理质感丰富。如果搭配景观小品，可呈现禅意。因此砾石在日式庭院中多见，日式庭院通常用砂砾石散铺，象征"水流或海洋"。

图 4-29　嵌草圆形石板铺地　　图 4-30　嵌草方形石板铺地

图 4-31　砾石铺地（1）

图 4-32　砾石铺地（2）

（5）卵石铺设：卵石从形状到花纹、色彩都比较受欢迎。鹅卵石铺成的小径，可以拼出各种美丽的组团，仿佛艺术品般精致有趣，还可以做成健步道。其缺点是长期使用时间，卵石容易被踢落，也不方便清洁，适合用在自然风格的小径上。

图 4-33　卵石铺地（1）

图 4-34　卵石铺地（2）

2. 砖材铺路

砖材种类较多，有结实、耐用、经济的优点。常见的品种有红砖、烧结砖、水泥砖、陶土砖。红砖质地较脆，多用于田园风格的庭院中。水泥砖的特点是耐用且价格低廉，应用普遍，其中透水砖更环保。紫砂粘土砖、烧结砖的效果最好、价格最高。陶土砖，价格较贵，但色彩和质感都比普通红砖好。

铺装中砖的应用非常广泛，可以拼出各种样式，常见的有正方格铺、45°方格铺、工字铺、人字铺。

（1）正方格铺：最简单的铺设方式，按照铺装走向整齐排列，其特点是形式简洁统一，施工简单。

（2）45°方格铺：以45度斜角铺设，这种铺设形式，整体效果比较有视觉感，彰显个性，但相对损耗较大。

（3）工字铺：其做法是第一排铺好后，第二排以第一排的第一块砖的中点为起点，以此类推，铺好的形状像工字。铺设效果中规中矩，施工简单、快速，损耗小，省材料，因此这种铺法应用非常广泛。

图 4-35　正方格铺装（1）

图 4-36　正方格铺装（2）

图 4-37　45°方格铺（1）

图 4-38　45°方格铺（2）

图 4-39　工字铺在庭院中的运用（1）

图 4-40　工字铺在庭院中的运用（2）

（4）人字铺：人字铺铺设难度相对较大，这种铺法最早起源于法国，其特点是铺设效果简洁、典雅。

图 4-41　人工字铺在庭院中的运用（1）

图 4-42　人工字铺在庭院中的运用（2）

（5）碎拼：碎拼铺设工匠自由发挥，其铺设效果更自然，妙趣横生。

图 4-43　碎拼在庭院中的运用（1）

图 4-44　碎拼在庭院中的运用（2）

3. 木板铺地

木板质感温和自然，舒适感高，缺点是没有石材耐久。无论是现代风格的庭院还是古典、田园趣味的花园，甚至露台上，都可以选用木材作为铺装材料。目前，户外地板的种类有很多，一般用樟子松、红松等材料直接铺设，表面用桐油或者木蜡油做防水保护。

也可以选择防腐木，并在表面涂刷防腐木油、改色，遮掩住原来的绿色，效果更佳。否则绿色的防腐木经过长时间风吹日晒，会变成浅灰色，失去木材的质感，但风化后有种古朴自然的韵味。

图 4-45　木板铺地（1）

图 4-46　木板铺地（2）

四、庭院景观小品设计

庭院设计的构成要素具体分为水景、植物、铺装、小品。构成景观空间的要素是多样的，因此景观要素之间的组合变化可以形成多样的效果。在景观要素细化时，需要优先考虑节点的功能，根据功能选择各种类型的景观小品要素。

庭院景观小品没有固定的规则，小品的使用也没有固定的要求。设计重点是把周围环境和外界景色结合起来，使庭院的意境更加生动，更富有诗意，符合主人的居住要求。

1. 水景设计

有水则灵动，有水则静怡。水的动与静、虚与实、聚与散、行与止，都是一种空间的艺术。水体不同的形态给人以不同的心灵体验和视觉体验。水的点景力强，同时还可增加庭院的湿度，有利于周围植物的生长。正所谓"有山皆是园，无水不成景"，尤其在酷热的炎夏，水景给人带来清凉，听着潺潺流水又增添几分禅意。水景小品主要是以设计水的静、流、涌、喷、落等五种形态为内容的小品设施。

图 4-47　庭院水景（1）　　　图 4-48　庭院水景（2）

2. 植物造景设计

植物可以柔化建筑线条，巧妙的植物造景可以成为庭院最佳的装饰品。同时，植物造景还具有调节小气候的作用。由于花木种植技术的发展，当下花市里的植物品种繁多。为了维持庭院落成后的植物造景，建议植物配置设计时，从本土植物入手，结合木质植物与草本植物，力求四季有花。现在比较流行的仙人掌造景，在夏季高湿、高热的地区很难维系，即使使用纯颗粒土种植，每次过夏仍然会死掉一部分。

图 4-49　庭院植物配置（1）　　　图 4-50　庭院植物配置（2）

3. 铺装设计

庭院地面的铺装设计首先应注意设计的风格和功能，铺装的色彩、尺寸以及纹路和肌理质感，可以为庭院设计带来丰富的体验感。因此铺设前的规划和设计工作必不可少，要注意整体美观和实用性，从而使装饰更加合理。

图 4-51 庭院铺装设计（1）

图 4-52 庭院铺装设计（2）

4. 景墙

在庭院设计领域，景墙设计无疑是一门精妙绝伦的艺术。它不仅是空间分隔的巧妙手段，更是环境氛围的营造大师。寡言的设计师们，通过匠心独运的景墙，以其独特的材质、形态与色彩，默默诉说着空间的故事，引领着观者的情感流转。景墙，成为了设计中不可或缺的元素，它以静默的姿态，赋予了空间无限的可能与深意。

图 4-53 庭院景墙设计（1）

图 4-54 庭院景墙设计（2）

5. 灯光小品

夜幕时分，灯光亮起，灯光照明小品为了庭院夜景效果而设置，包括庭院灯、草坪灯、地灯、投射灯等。庭院灯具不仅具有实用性的照明功能，突出其重点区域，同时本身的观赏性可以成为庭院绿地中饰景的一部分。值得注意的是，灯具造型的色彩、质感、外观应与整个庭院的环境相协调。

图 4-55 庭院灯具运用

图 4-56 庭院吊灯运用

6. 装饰类小品

装饰性景观小品是指既有使用功能要求，又具有点缀、装饰和美化作用的从属于某一园林空间环境的小体量物品、游玩观赏设施和指示性标志物等装饰作用的小品统称。

图 4-57　花钵小品在庭院中的运用

图 4-58　雕塑在庭院中的运用

某些装饰类小品也有着一定的实用性，例如花钵，花箱，盆栽等。某些景观小品纯粹是为了装饰或修饰园林的景观。比如，雕塑作为艺术表现形式之一，有自然材料制作而成的雕塑，也有不锈钢、铁艺制作而成的雕塑。这些雕塑以艺术品位提升整个庭院的气场，对美化环境、提高生活情趣起着锦上添花的作用。

7. 休憩小品

休憩小品包括座凳、亭、廊架等。如图 4-59 所示，坐凳设计常结合环境，或用自然块石堆叠形成凳、桌；或利用花坛、花台边缘的矮墙边缘的空间来设置椅、凳等；或围绕大树基部设椅凳，既可休息，又能纳凉。其位置、大小、色彩、质地应与整体环境协调统一，形成独具特色的景观环境要素。如图 4-60 所示，较大的庭院也可以设置亭、廊架等休憩景观构筑物作为休憩小品。

图 4-59　休憩小品在庭院中的运用（1）

图 4-60　休憩小品在庭院中的运用（2）

五、效果图渲染器的选择

目前常用的针对 SketchUp 的渲染软件有 Lumion、Enscape、Vray 三款渲染器，其中 Lumion 是单独的渲染器，只能通过导入 SketchUp 模型完成渲染，Enscape 和 Vray 属于插件，通过安装，在 SketchUp 中直接打开插件进行参数设置与渲染操作。这三款渲染器各有优缺点，以下将对三款软件的特点进行介绍。建议同学们根据实际情况学习两款渲染软件，选择其中一款深入学习，可以极大地提升设计方案表现效果。

（1）Lumion

Lumion 的特点如下：

Lumion 是一款简单易懂极易上手的实时 3D 渲染软件，趣味性强，操作过程仿佛 3D 游戏一般的体验，

Lumion 可以闪电般的速度创建令人惊叹的图像、视频和 360 全景图。可定制预先配置的 HDR 天空环，3D 草，大气雨雪，地毯和织物等，并在几秒钟内，以视频或图像形式可视化具有逼真背景和惊人艺术感的 CAD 模型。该软件提供了更便捷、高效、直观的操作和展示方式。

Lumion 不具备建模功能，却具备海量模型库。需要在 SketchUp 中先完成地形、建筑物、构筑物等主模型后，再添加各类模型素材，从而简化建模工序，提高工作效率。

丰富的效果：Lumion 拥有丰富多样的自然环境和独树一帜的特效效果，如全景相机、实时天气模拟、晨昏模拟、环境关系模拟、3D 人物、火、水、气体等，这些特效可以进一步提升场景的真实感和可视化效果。Lumion 输出的效果图不需要太多的后期处理。

Lumion 的缺点是渲染效果稍显卡通，材质的细腻程度不够，且对电脑配置的要求较高，通常要求使用独立显卡与最新驱动，对于电脑配置低的学生笔记本来说，有一定的困难。

（2）Enscape

Enscape 的特点如下：

高速渲染：实时交互渲染，高效快速。SketchUp 和 Enscape 两个屏幕可同时运行。实现左屏构思，右屏呈现，渲染建模实时，所见即所得。针对客户的反馈可以及时修改与跟进，更大程度地保证客户的满意度。

VR 沉浸式体验：Enscape 可以向客户发送独立的可执行文件用于快速演示，无须安装软件直接打开文件即可深入场景中游览体验。如果结合 VR 头盔，可给客户身临其境的体验。

效果真实：Enscape 可快速做出真实效果图，景深和动态模糊让输出的图像接近摄影效果。同时还可以调整效果图的对比度、饱和度、雾效、云层、光晕等。

图 4-61　Lumion 渲染效果图（1）

图 4-62　Lumion 渲染效果图（2）

图 4-63　Enscape 渲染效果图

图 4-64　VRay 渲染效果图

（3）VRay

VRay for SketchUp 是一款专为草图大师打造的高级全局照明渲染器插件，将 VRay 整合嵌置于 SketchUp 之内，为设计人员提供了更快的渲染速度，更好的照明工具以及创建和可视化复杂场景的能力。只要掌握了正确的方法，利用该软件即可非常轻松地做出照片级的效果图。其特点如下：

VRay 渲染器最大的优点是摄影级别的渲染效果，但相对于 Lumion 和 Enscape 来说，VRay 的渲染的用时较长。

VRay 有丰富多元的光源类型，可以模拟真实且丰富的光源效果，便捷且高效。

VRay 提供各种类型的预设材质，可以根据需要自由调节材质质感，可以真实模式室内外材质，如反射、折射、凹凸纹理等质感的材质。

六、庭院设计方案汇报

方案汇报包括 PPT 制作和汇报讲解两个重要环节。首先要清楚方案汇报的目的是确定设计方案，促使客户在方案成果确认单上签字并付款，使项目得到实质性进展。本质上，方案汇报是一种销售，是一种为了获得商业回报的行为。英文中有一个句子"I am not buying it"，翻译成中文是"我不相信你"。换句话说，要让客户接受设计方案，关键在于如何取得其信任，让他接受设计方案。那么方案汇报的时候应怎样销售，从而取信于业主？

想要取信于人，首先需要弄清对方的需求是什么？因此，关键点就是抓住业主的需求，或者说痛点，让客户的意愿得到充分的尊重和满足。关于客户的需求点，在方案设计的前期调研环节中已经非常明确，本就属于方案逻辑的重要组成部分。因此，不管是在汇报 PPT 的制作还是在汇报讲解中，都要突出客户的关注点，让客户在听取汇报的过程中，充分感受到尊重。

1. 汇报 PPT 制作

优秀的设计方案 PPT 作品往往逻辑清晰，条理分明，前后推导严丝合缝，汇报者需要有严谨明了的思路才能准确表达，而听众需要有一定专业背景并认真倾听才能充分理解。确切地说，这是一个高耗能，窄通道的信息传输过程。

PPT 作为一款广为人知的演示文稿制作软件，针对不同类型的场合，PPT 的设计思路、呈现方式等不尽相同，因此汇报方案 PPT 制作没有固定的形式。PPT 的呈现可以参考前文框架，为了避免千篇一律，PPT 要重点突出，有的放矢，将方案设计的闪光点、创新点、客户的需求点等内容作为重点进行呈现。

（1）逻辑清晰

汇报人的汇报展示往往以 PPT 为逻辑依次展开，庭院设计的汇报 PPT 可以按照以下思路展开。如图 4-65 所示，庭院设计 PPT 汇报结构包括场地概述、条件解读、设计理念、平面方案、效果展示等五个要点，各要素可以根据方案设计的具体情况增减。场地概述中应对场地的情况进行陈述；条件解读的目的是明确项目目标，指出不利因素与可利用因素，给出客户改造不利因素的策略和利用有利因素的策略；设计理念主要体现设计团队的专业性，但一定要用客户能听懂的语言，深入浅出，既体现专业性又保证传递性；平面方案主要设计方案的展示，用各种分析图、彩色平面图对具体的方案设计进行阐述；效果展示对于客户来说是最直观也最有感染力的一部分，可以从各个功能分区的角度对方案进行展示。

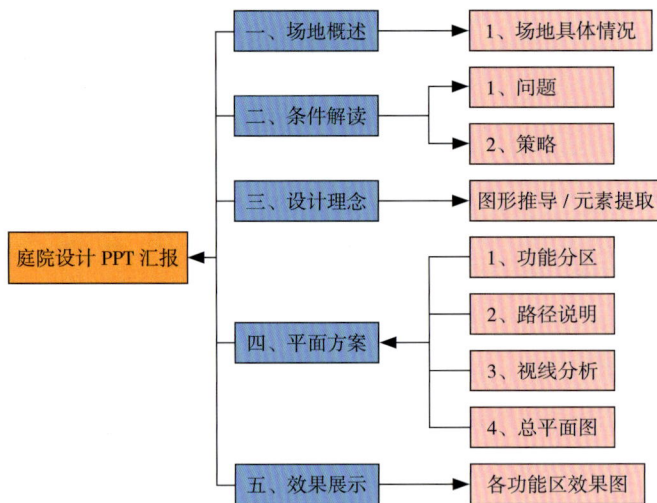

图 4-65　庭院设计 PPT 汇报结构

（2）体现设计理念

设计理念可以理解为设计主题，主题是景观设计的灵魂，它决定设计要传达什么样的理念，采用什么风格，确定最终的语言形式和造型手段。汇报中应从设计师的角度对设计理念进行阐述，体现设计团队的专业性，展示设计师精巧的立意和准确的定位，体现其主题思想，不能流于形式。

2.方案汇报技巧

一场精彩的汇报演说如同一个优秀的设计作品，起承转合，层层推进，讲故事，讲理论缺一不可。因此，景观设计师除了锤炼自己的设计水平以外，还需要学习更多表达技巧与方法，兼备感性与理性，情景与理论的能力是景观设计师提升自我修养的新挑战。

（1）绝对的自信

对方案有绝对的自信，才能打动客户。此外，要扩充自己的知识面，不要只是讲解图面上谁都看得懂的内容，要知道客户真正关心的内容，是成本，是效果，是运行时间，还是什么，抓住要点，一举命中。

（2）万全的准备

通过汇报视频学习，与经验丰富的同事及领导请教，能够学习汇报技巧，提高汇报能力。

注意时间与内容控制，一次优秀的汇报演说，应该是前期充分准备后的结果。准备工作包括自身汇报内容篇幅、顺序考量、时间控制等方面。有科学研究显示，成年人的高度集中注意力时间只有十五分钟左右，超过这个时间大多数人的都会有不同程度的开小差，走神等注意力分散的情况。基于这一点，汇报进程的控制最好在这个时间内，将最精彩的核心内容讲完，在听众脑海里建立起设计成果的基本框架。因此，高度概括性的描述，就显得非常重要，能用图说明的尽量少用字，遣词造句尽可能简洁精辟，能用一个字或一组词概括的，就尽量不用句子，这样既简单又易记，效率更高。

开展汇报模拟，提前做好准备，打磨好汇报用的 PPT。在汇报前 3 到 5 天，找个安静的场所，模拟汇报，并全程录音。完成后，播放录音，对汇报说词进行必要的增减，调整语言次序，再从遣词造句、语气、语调、语速等方面，反复修改练习，然后再录音检查，最终实现语言足够精炼，设计亮点突出，汇报富有感染力的效果。

重视着装：汇报方案时，可不穿正装，但必须穿戴整齐，尽量给客户留下一个好印象。精神面貌是关键，不敢保证充足休息时间的设计师，最好不要做汇报。

（3）情景化描述

一个看似简单的设计背后，往往具有一定的逻辑推理和影响因素。PPT 汇报，一方面要体现设计团队的专业性，另一方面要融入客户的需求点，认同客户需求的同时，将设计方案销售给客户，获得客户的认同。因此汇报描述应深入浅出，从专业入手，再用简洁明了、通俗易懂的表达让客户听得懂，看得明，除了图表示意和言简意赅的字词外，还需"情景化描述"。为此，可以使用一些画面感强的辞藻结合效果图，将客户进入美好环境下的感受体验先勾勒出来，把客户带入情景，使场景感受栩栩如生，让听众体会到其中的美。

以这样的方式引导非专业人士理解，将设计概念和情景化描述结合，可使信息的传达效果更佳。正所谓"入情方能入理"，情景化描述能有效地在设计师与听众之间建立起桥梁，是实现高效沟通的便捷方法。

任务二 项目方案设计案例——屋顶花园设计

项目简介

该项目为高层的屋顶花园改造设计。客户平时非常忙碌，要求庭院干净整洁，没有亲自打理庭院的计划，要求能在节假日和亲朋好友在庭院中开展聚会活动。

一、客户需求调研

1. 用户调查表

通过客户调查文件以及走访约谈，经过信息整理获得以下客户调查表。

表 4-1　客户调查表 2

	分析内容	分析结果
1	庭院印象	干净、整洁、轻松
2	庭院功能	室内、室外茶室、烧烤、用餐
3	预算	15 万
4	养护方式、频率	平时养护时间少，一个月请工人养护一次
5	景观小品	不需要多的景观小品，越简洁越好

2. 客户需求调查

表 4-2　客户需求调研

调研主题	内容	案例
客户 基本信息	风格喜好	现代风格或者泰式度假风
	性格特点	男主人和女主人性格开朗，工作繁忙
	家庭成员	长期居住者 4 人，包括男主人、女主人，1 个孩子，1 个保姆
	习惯爱好	1. 男主人开公司，平时业务繁忙，爱好喝茶 2. 女主人喜欢呼朋唤友在家中开 party，可以户外餐饮、烧烤 3. 不擅长种植物，所以只要草坪
客户 功能需求	对功能分区 的需求	1. 室外用餐区域：用于聚会、室外就餐，可以烧烤
		2. 室外喝茶区域：在楼顶设置室外喝茶设施，品茶的同时，可以观赏远处的风景
		3. 室外活动区域：可以用于体育锻炼、晾晒
		4. 景观造景：多用草坪
客户 需求分析	客户选择现代简约风格为基调，现场植物太多会显得杂乱，希望植物配置简单，达到干净、整洁、好打理的目的。庭院主要功能是休闲娱乐，需要设置室外喝茶、餐饮区域	
庭院 意向图		

续表 4-2

调研主题	内容	案例
庭院意向图		

二、场地前期调研

经过现场勘察与调研，获得项目一手资料，记录相关建筑、庭院尺寸、数据，用于庭院设计的前期分析。

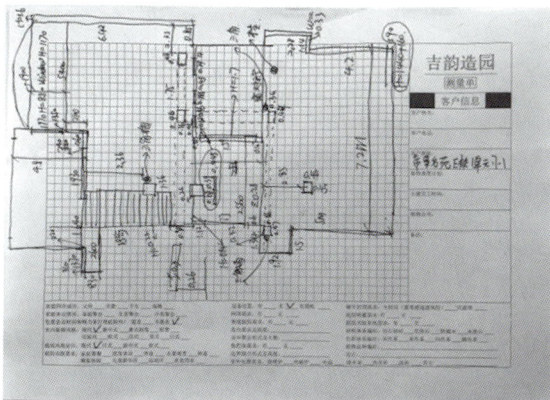

图 4-66 现场勘察数据记录

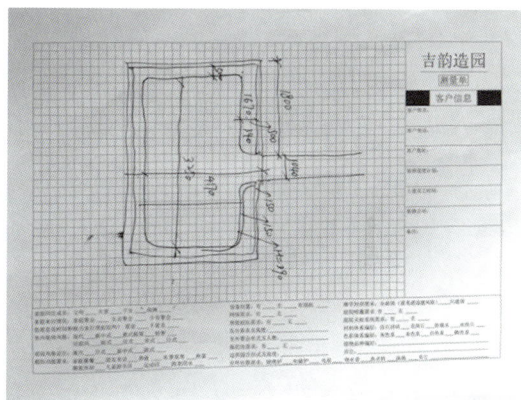

图 4-67 现场勘察数据记录

表 4-3 场地前期调研

调研主题	内容	案例
区位分析	1. 场地位置	帝景名苑，位于重庆市南岸区铜元局新村一号
	2. 周边的用地特征	位于以立体生态环境而著名的重庆首个城市生态社区——帝景名苑内，尊居帝景之巅，俯瞰长江、对望渝中、依山傍水，交通便利，是长江之畔的景观式住宅 从天台上可俯瞰菜园坝长江大桥，滚滚长江水奔流而过

续表 4-3

调研主题	内容	案例
区位分析	3. 建筑与周围建筑的关系	1. 小区内有高层，洋房，别墅等房型 小区主力户型为别墅 地理位置优越，配套完善，医疗、学校、购物较为方便 2. 小区绿化率高。环境优美 3. 宽敞明亮，布局大方，采光非常好
	4. 花园出入口位置	入口在屋顶花园中间区域
概况分析	1. 设计任务	完成屋顶花园的设计、建模、渲染以及施工图绘制
	2. 明确场地的用地红线，道路红线，以及建筑红线范围	
	3. 场地景观现状	1. 场地杂乱 2. 安全性需要加强，增加围栏的设置 3. 设计形式老旧
地质、地形、气候分析	土壤、地形、水文、光、温度、风等	土壤板结较为严重
		阳光充足
		地形平坦
		覆土预计 500—1000mm
生态物种分析	动物种类以及生长状态	生态环境良好，各种昆虫、鸟类常伴
	植物的种类以及生长状态	花园花池较多，植物多：2株三角梅，3株桂花，1株枇杷

续表 4-3

调研主题	内容	案例
生态物种分析	植物的种类以及生长状态	

三、庭院场地综合分析

经过子任务一客户需求调研和子任务二场地前期调研，设计团队已经掌握了场地的基础信息。接下来需要在此基础之上整合并分析原始资料，建立对场地的整体认知，从场地潜在的问题与优势出发，提出解决问题的方法，利用既有优势的途径。

表 4-4　庭院场地综合分析

分析主题	内容	案例
有利因素	1. 有利因素	1. 庭院光线好 花园面积较大，经过设计可以形成丰富的空间效果。 2. 顶层天台可俯瞰常见，可眺望菜园坝长江大桥
	2. 拟定利用策略	1. 重点体现植物造景 2. 在顶层天台设置天井用玻璃做护栏，既可以提升现代感，又保证安全性
不利因素	1. 不利因素分析	1. 覆土估计有 500—1000mm，有微地形，不符合客户的需求 2. 现场有部分植物，桂花 2 株，三角梅 3 株，枇杷 1 株，不符合客户需求 3. 有部分屋内有漏水现象
	2. 拟定解决策略	1. 减少覆土至正负零标高位置或减少一半 2. 去除多余植物 3. 以满做防水的方式，避免漏水

四、庭院功能分区

在子任务四庭院功能分区中，首先要通过市场调研，列出常见的庭院常用的功能分区，包括庭院入户、室外门厅、休闲区、餐饮区、会客区、种植区、泳池区、娱乐区、储藏空间。然后，根据庭院的大小结合客户的个人需求，对庭院的功能分区进行取舍，确定需要划分的功能区域。

表 4-5　屋顶花园功能分区

明确功能分区	庭院功能分区
	1. 室内茶室 2. 室外茶座区 3. 室外用餐区 4. 景观造景区 5. 室外活动区

五、绘制庭院功能分区气泡图

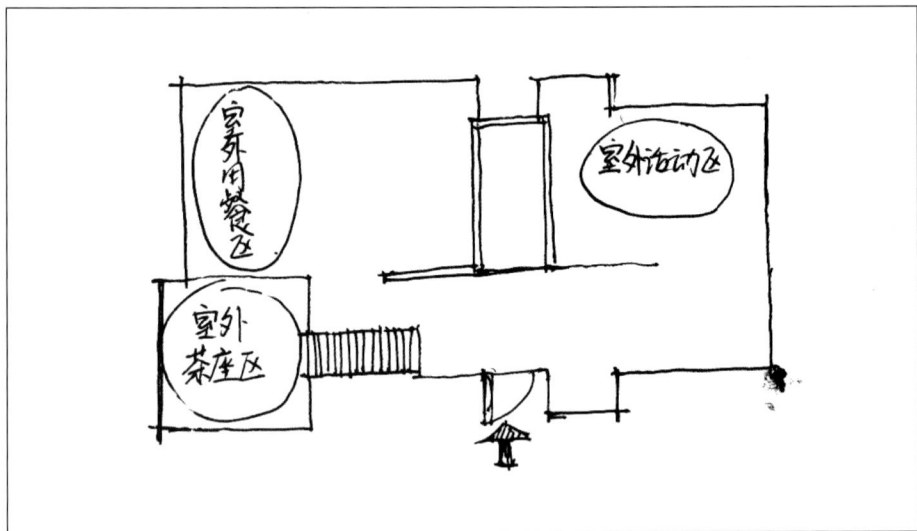

图 4-68　庭院功能分区图（草图）

六、空间动线策划

　　屋顶花园的流线设计，就是规划屋顶花园的的行走路线，确保庭院中的各个功能区域之间有良好的交通流线，方便人员的出入和活动。可以在功能分区图的基础之上，组织庭院功能分区之间的行为动线。用流线分析草图直观反映屋顶花园中人员的行为动向，要充分考虑人的习惯与行为，屋顶花园的出入口、各功能分区的位置与关系，道路与景观节点的关系。将一定的空间组织串联起来，通过流线设计划分出不同的功能区域，达到分割空间，体现设计理念的目的。

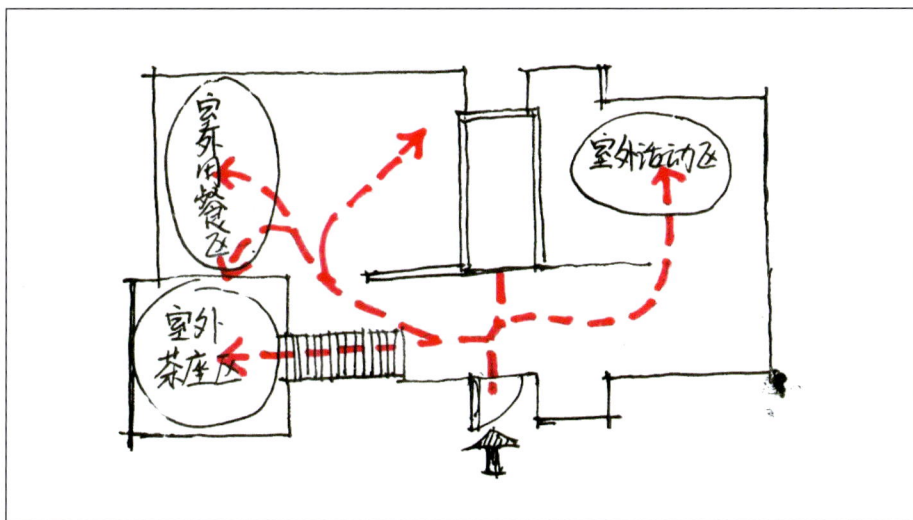

图 4-69　流线分析图（草图）

七、功能分区景观营造设想

在子任务七中，需要根据前期资料调研与分析和功能分区、流线设计，对每一个功能分区进行较为细节的营造形式的策划。

表 4-6　功能分区与景观营造设想

功能分区	室内茶室、室外茶座区、室外用餐区、景观造景区、室外活动区	
根据前期资料查询与分析，拟定本项目的功能分区，并对其进行初步设想。	景观营造形式营造形式	（1）室内茶室： 休闲空间
		（2）室外茶座区： 借景菜园坝长江大桥，俯瞰江景，营造辽阔、居高临下的氛围
		（3）室外用餐区： 采用防腐木平台，延续室内茶室的风格和效果，营造清爽整洁的效果
		（4）景观造景区： 以草皮、卵石和汀步，结合日本枯山水和现代简约风，打造主人想要的简洁风格
		（5）室外活动区： 采用硬质铺装，构成方便的活动的场地，具备活动健身、晾晒等功能

八、景观小品设计

结合景观节点与功能分区，从空间形式、意向图、材料运用三个方面，深入思考景观小品的景观营造。根据功能分区的营造形式，从空间分隔、景观小品和材料运用，开展网络调研，搭配意向图，目的是将抽象的想法转变成为直观的设计形式。

表 4-7　景观小品设计

景观小品	空间形式	意向图	材料运用
取水点	设置水源供给	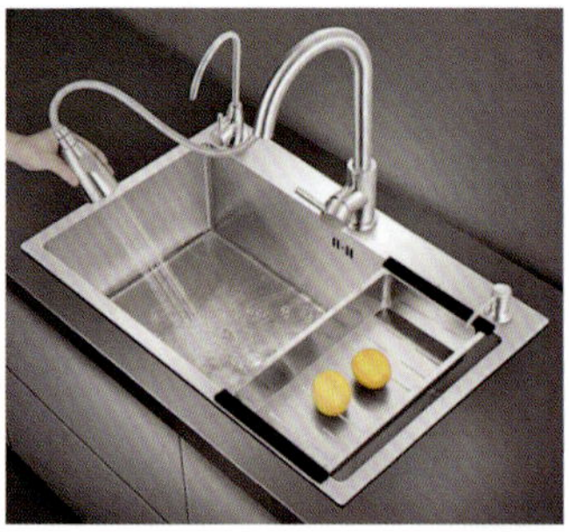	洗手池：阿玛尼深灰岩板
			木制竖条装饰柜门。 
秋千			实木秋千，配件：膨胀螺丝、挂钩 
景观造景	塑造微地形，运用枯山水的造景手法		 鹅卵石 

续表 4-7

景观小品	空间形式	意向图	材料运用
活动区域造景	平坦草地搭配自然图形的平整草地		灰色仿古砖

九、植物配置

表 4-8 植物配置

配置区域	种植形式	配置植物	意向图
景观造景区域	以景墙为背景墙，配置凤尾竹，搭配地被植物，形成简洁的两层搭配	植物 列植凤尾竹 草坪地被：高羊茅	 
前庭	设置花钵对局部角落进行装饰	盆栽 天堂鸟 琴叶榕 牛皮树等	

十、庭院平面图形设计

明确了点线面的构成形式后，要解决的核心问题是将设想的构成形式落实在平面图上，将功能分区从简单的气泡图转化为带有边界轮廓线的具体形式。

从抽象的场地设计概念、主题到具体的设计形式，初学者可以选择单一的几何图形创作。需要注意的是，图形的构成应遵循各种几何形体内在的数学规律，同时构成要有形式美感。运用这种方法可设计出高度统一的空间，并且通过多次练习达到较好的效果。

这一阶段的任务可概括为三个步骤：第一步，明确每一个功能分区的大小与位置；第二步，明确图形。第三步，选择组合形式。

第一步，确定功能区域大小与位置。将使用面积和活动区域，用不规则的气泡表示，需要按照比例，估算出场地功能区域的占地大小。如若这一步在功能分区图中已经标注可以省略，没有标注气泡尺寸则需要重新绘制气泡图。

第二步，选择图形明确庭院平面构成形式。需要根据场地性质、建筑风格、方案概念设计，选择合适的基本图形。根据任务二中庭院功能分区和平面布局以及流线设计，明确庭院点、线、面的平面构成形式。根据庭院设计的概念、风格、主题、平面布局形式以及主人喜好，选择相应的元素形式。例如，本案例属于现代简约风格式庭院，重点在表现几何美、简约美，应多用直线；中式庭院喜欢用曲线；也可以选择几何形体或者自然形体，几何形体包括矩形、圆、三角形、多边形、异形。自然形体的形状则模仿自然形态，自由多变。

表 4-9　明确庭院平面构成形式

风格	构成元素	景观类型	构成
	点	节点	景观小品 （ 景墙、石景 ）
	线	道路	直线 （ ） 折线 （ ） 曲线 （ ）
	面	功能分区	矩形 （ ） 圆形 （ ） 三角形 （ ） 自然图形 （ ）

第三步，选择组合形式。调整基本图形的大小、位置，采用相应的组合关系，从最基本的图形演变成有趣的设计形式。具体的组合关系有分离、嵌套、减缺、穿插、相接、放射、渐变、重复等。

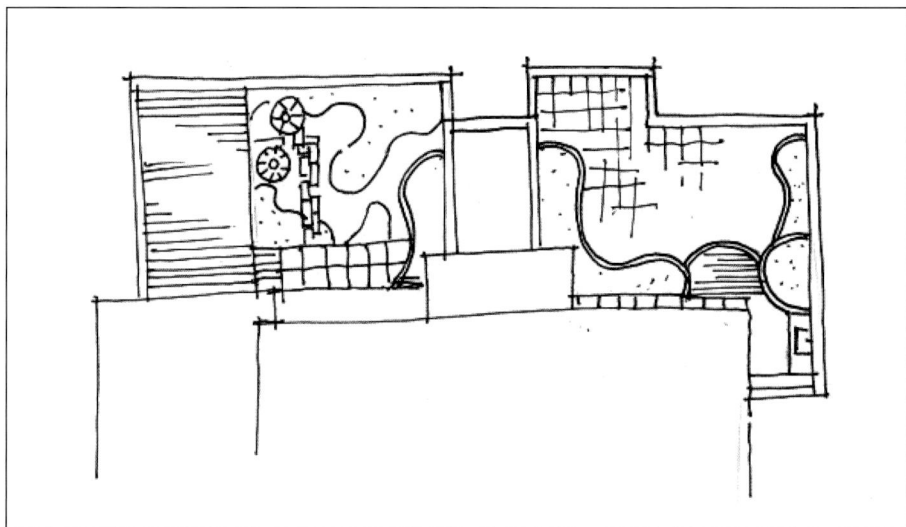

图 4-70　庭院平面草图

　　初学者可以采用以上提到的三个步骤，采用基本图形，练习运用各种组合形式。这样的设计方法，能让平面设计做到形式统一。

十一、方案表现

　　（一）方案绘制，根据手绘平面图照片，在CAD中绘制平面图。

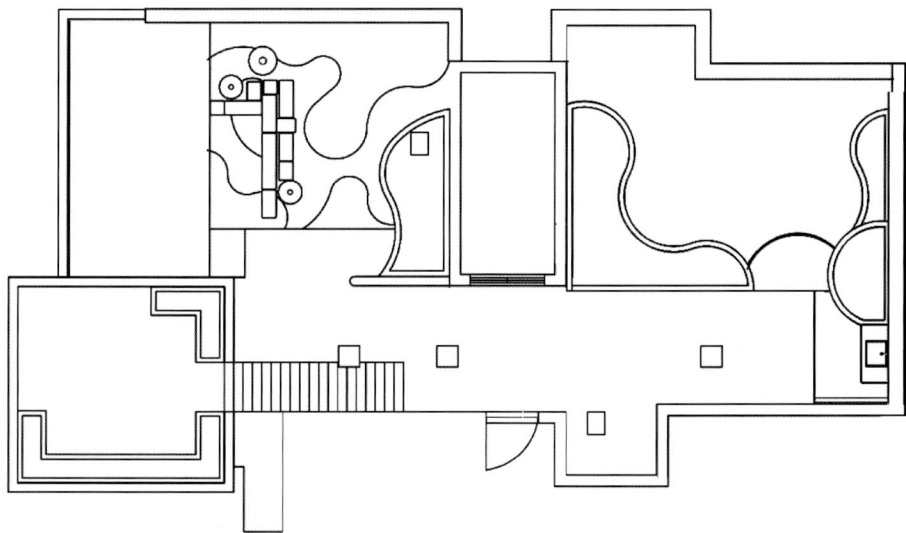

图 4-71　导入 SketchUp 的 CAD 轮廓

　　（二）将CAD平面布置图打印为PDF文件，导入Photoshop制作彩色平面图，并在此基础上完成功能分析图、流线分析图的制作。

图 4-72　总平面图

室外活动区
室外茶座区
景观造景区
室外用餐区

图 4-73　庭院功能分区图分析图

图 4-74　流线分析图

（三）SketchUp建模

将平面图导入 SketchUp，完成建模。

建模步骤为，封面—建筑建模—屋顶花园建模，从整体地形到局部景观小品。

图 4-75　案例 SketchUp 建模输出二维图像（1）

图 4-76　案例 SketchUp 建模输出二维图像（2）

（四）渲染

由于 Enscape 能实现高效实交互渲染，十分适合小项目表现效果，因此本案例选择 Enscape 为渲染软件实现渲染出图。

（五）后期处理

从构图、对比度、饱和度、色温等角度对效果图进行后期处理，增强效果图的品质感和氛围感。

图 4-77　Enscape 渲染效果图（1）

图 4-78　Enscape 渲染效果图（2）

图 4-79　Enscape 渲染效果图（3）

图 4-80　Enscape 渲染效果图（4）

项目五│项目工程预算

任务一 项目工程预算构成

一、庭院工程预算的概念

庭院工程设计预算是施工图设计完成后，由设计单位或中介机构、施工单位编制确定的施工安装工程造价的技术经济文件，包含区域内劳动力、材料、机械、设备等的现行预算定额或计价表、成本定额和预算价。施工费用应控制在设计预算确定的成本内，这是客户与公司都非常关注的目标。

编制庭院工程预算需要熟悉市场价格，对庭院工程的工艺、材料都有所熟悉，这是一个长期积累的过程，需要经常到工地现场拍照记录，一步步了解施工工序、资料收集归类归档；然后接触预算，从识图、简单制图、工程量计算到独立编制完整预算。

二、庭院工程预算类别

1. 人工费

定额中人工费是以 8 小时工作制计算为标准，包含普工、技工、高级技工日消耗量，一般以 8 小时 / 工日，预算需计算完成定额规定工作所耗用的全部人工费用。

2. 定额材料费

定额材料费包括施工中消耗的主要材料、辅助材料、周转材料和其他材料。消耗量包括净用量和损耗量。

3. 机械费用

定额中机械按常用机械、合理机械配备，定额按台班计算。人工、材料、机械三项费用，在定额中均有明确的规定，一般情况下是不允许随意改动的。定额是按照当地社会平均施工方法确定人工、材料、机械花费的费用。

4. 措施费

该项指完成施工工程，施工企业必须收取的其他费用。其中包含安全文明施工费（环境保护、文明施工、安全施工、临设费）、夜间施工增加费、二次搬运、检验试验配合费、冬雨季施工增加费、已完工程及设备保护费、工程定位复测费、场地清理费。

5. 施工企业管理费

　　根据企业内部具体情况自行制定。

6. 利润

　　根据企业内部具体情况自行制定。

7. 税金。

三、庭院清单预算的组成

　　庭院清单预算清单中可以将庭院工程进行整体拆分成为诺干小的部分，如表 5-1 所示，然后根据施工过程和顺序进行编制和计算（表 2）。

表 5-1　乾道大院佘总屋顶花园工程量预算清单

花架
木地板
石材铺地
给水排水、电气照明、灯
花箱
种植池
原有地面找平、墙体美化
土壤改良
植物配置、绿化种植
水景跌水景墙过滤、循环系统
艺术耐候钢
安装给排水工程
安装电器照明工程

表 5-2　石材铺地部分清单预算表

序号	项目名称	项目特征	计量单位	工程数量	金额（元）	
					单价	合价
	石材铺地					
1	外围墙开凿		m²			
2	批荡、水泥砂浆找平、拉毛		m²			
3	墙固、防水、黏合增强剂		m²			
4	外墙腻子两遍		项			
5	外墙艺术涂料两遍		m²			
小计						

任务二 项目工程预算案例——别墅庭院设计

项目简介

案例为沙坪坝龙湖西宸原著一联排别墅。长期居住者6人，包括两位老人，男主人、女主人，两个可爱的小姑娘，都在上小学。男主人工作较忙，休息日喜欢居家休息，爱喝茶。女主人喜欢养花，老人喜欢种菜。庭院整体硬质程度较高，需要考虑怎样增加绿化。

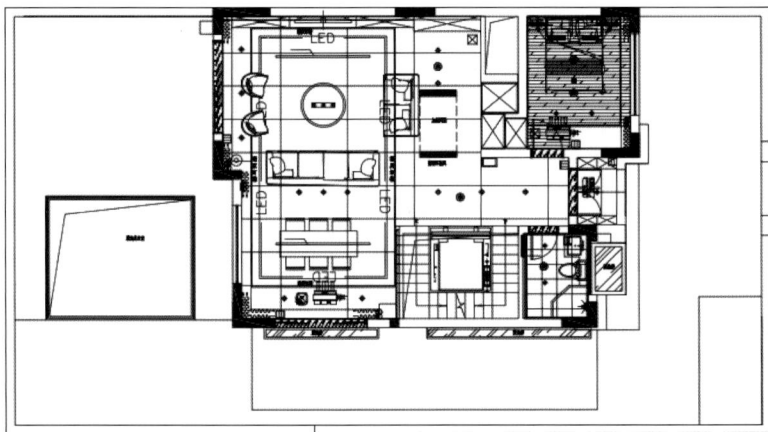

图 5-1　庭院原始平面图

一、客户需求调研

整理客户对庭院的风格喜好、性格特点、家庭成员、习惯爱好、功能分区等方面的需求信息进行整理。

表 5-3　客户需求调研

调研主题	内容	案例
客户基本信息	风格喜好	现代风格，简洁，便于打理
	性格特点	男主人和女主人性格较为内敛，均在事业单位工作
	家庭成员	长期居住者6人，包括两位老人，男主人、女主人，两个孩子（一对姐妹，姐姐10岁，妹妹7岁）
	习惯爱好	1. 男主人工作较忙，休息日喜欢居家休息，爱喝茶 2. 女主人喜欢养花 3. 老人喜欢种菜
客户功能需求	对功能分区的需求	1. 菜地：需要4平方米的菜地，最好也可用于花卉种植。

续表 5-3

调研主题	内容	案例
客户功能需求	对功能分区的需求	2. 花池：设置足够的花池，用于种植花卉、灌木、小乔木
		3. 阳光廊架：用于庭院休息，喝茶
		4. 设备存放：需要设置一个专门存放管理的区域
		5. 秋千：设置一个秋千供姐妹俩玩耍
客户需求分析		客户选择，现代风格的庭院风格为基调，希望达到干净、整洁、好打理的目的。因此庭院在保持整体硬质不变的基础上，设置抬高花池、蔬菜种植池。另外，庭院需设置廊架、设备存放区域，为孩子设置秋千。
庭院意向图		

二、场地前期调研

场地前期调研能为设计立意提供线索，为功能划分提供依据，对场地越了解，设计也越得心应手。

表 5-4　场地前期调研

调研主题	内容	案例
区位分析	1. 场地位置	龙湖西宸原著，沙坪坝陈家桥香礼路 2 号
	2. 周边用地特征	位于沙坪坝区西永板块，于 2020 年竣工，开发商为重庆龙湖拓骏地产发展有限公司。板块中有西永天街、融创茂等商业资源，商业配套比较完善，比较繁华。板块中汇聚了轨交 1 号线和西城大道等交通道路，交通比较便捷。板块内有西永电园、西永中学等，资源比较丰富。总体上板块条件较好，小区处在板块之中，未来有比较大的发展潜力
	3. 庭院与周围建筑的关系	1. 小区楼栋主要由低层别墅组成，共约 90 栋楼。小区主力户型为 100m² 左右的三房，133m² 左右的四房。小区绿化率为 35%，容积率为 1.5，绿化程度较高，环境较好。小区带有中央花园，有游泳池，品质感较强，适宜居住 2. 联排别墅，左右两户设有围墙

续表 5-4

调研主题	内容	案例
区位分析	3. 庭院与周围建筑的关系	
	4. 花园出入口位置	入口在前花园处
	5. 周围街道的走向	
概况分析	1. 设计任务	完成联排别墅的设计、施工图绘制
	2. 明确场地的用地红线，道路红线，建筑红线范围	
	3. 场地景观现状	1. 后花园全硬化 2. 负一楼全硬化，且从室内往外的对景面能看到一层花园的围墙 3. 前后花园及负一楼的均存在天井需处理

调研主题	内容	案例
概况分析	3. 场地景观现状	
排水	1. 建筑排水、花园排水方向	   
	2. 井盖位置	入户花园外侧有井盖 

续表 5-4

调研主题	内容	案例
地质、地形、气候分析	土壤、地形、水文、光、温度、风等	土壤板结较为严重
		侧面庭院阳光充足
		地形平坦
		花园大面积硬质
生态物种分析	动物种类以及生长状态	生态环境良好，各种昆虫、鸟类常伴
	植物的种类以及生长状态	

三、庭院场地综合分析

经过子任务一户需求调研和子任务二场地前期调研，已经掌握了与场地相关的基础信息。接下来需要在此基础上整合并分析原始资料，对场地建立起整体的认知，从场地潜在的问题与场地目前存在的优势出发，提出解决问题，和利用优势的方法。

表 5-5　庭院场地综合分析

分析主题	内容	案例
有利因素	1. 有利因素	1. 庭院侧面光线好 2. 花园面积较大，经过设计可以形成丰富的空间效果 3. 天井可形成有趣的空间环境
	2. 拟定利用策略	1. 庭院侧面种植蔬菜、阳性花卉 2. 设计丰富的空间层次 3. 天井用玻璃做护栏，既可以提升现代感，又保证安全性

续表 5-5

分析主题	内容	案例
不利因素	1. 不利因素分析	1. 隔壁两户地势较高，侧面前半部分围墙对本户私密性影响较大，后半部分围墙较高，缺乏美感 2. 后花园全硬化，对植物种植有一定影响 3. 负一楼全硬化，对植物种植有影响，且从室内往外的对景面能看到一层花园的围墙 4. 前后花园及负一楼的均存在天井需进行处理
	2. 拟定解决策略	1. 前半部分围墙加高，增强私密性并在整个围墙上美化，围墙也用作景墙 2. 花园硬化硬部分的植物采用台高花池的做法，部分花池结合坐凳设计，既解决了种植难题又美感实用 3. 负一楼从室内往外的对景面：将负一楼墙面与一楼围墙统一设计，既完整又美观协调 4. 前后花园及负一楼的天井均予以遮蔽或者美化

四、庭院功能分区

在子任务四庭院功能分区中，首先要通过市场调研，列出常见的庭院常用的功能分区，包括庭院入户、室外门厅、休闲区、餐饮区、会客区、种植区、泳池区、娱乐区、储藏空间。然后根据庭院的大小结合客户的个人需求，对庭院的功能分区进行取舍，确定需要划分的功能区域。

表 5-6　庭院功能分区

	庭院功能分区
明确功能分区	1. 入户区 2. 水景区 3. 设备管理区 4. 蔬菜种植区 5. 室外会客区 6. 室外活动区 7. 种植区 8. 晾晒区 9. 取水点及工具存放区 10. 活动区

五、绘制庭院功能分区气泡图

根据客户的需求，明确了屋顶花园的功能分区后，结合场地周围建筑、用地性质布置功能分区，完成庭院景观布局。庭院布局，没有正确和错误的说法，只有合理和更合理的区别。因此，经过深入思考，绘制三个功能分区的气泡图，经过反复推敲，结合建筑内部功能布局和主人的习惯安排功能布局，深入思考用户的行为、功能分区、庭院入口，以及庭院和周边建筑之间的关系，庭院设计方案会更加合理。

在绘制气泡图过程中，划分功能区域，需要考虑每个区域的尺寸和形状。可以根据需要设置不同大小和形状的区域，以满足不同的功能需求。

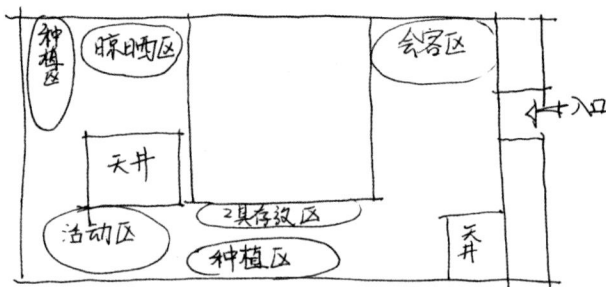

图 5-2　功能分区图一

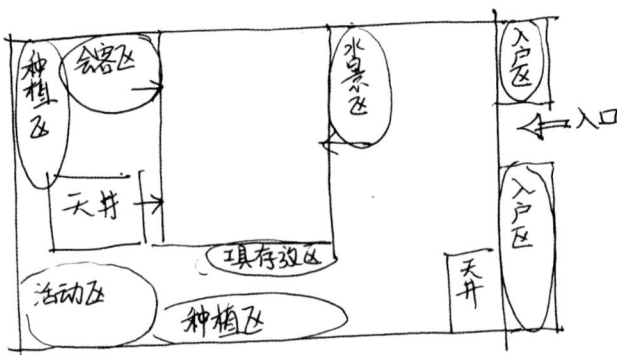

图 5-3　功能分区图二

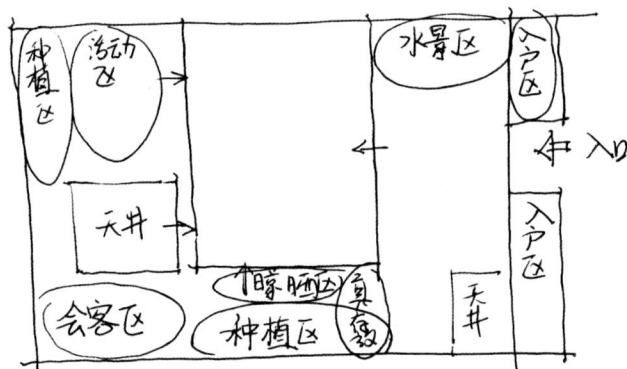

图 5-4　功能分区图三

六、空间动线策划

庭院空间流线设计，即庭院内路网的交通组织，要确保庭院中的各个功能区域之间有良好的交通流线，方便人员的出入和活动。可以在功能分区图的基础之上，规划庭院功能分区之间的行走和行为动线。用流线分析草图直观反映庭院内的人的行为动向，要充分考虑人的习惯与行为，庭院出入口、各功能分区的位置与关系，道路与景观节点的关系。将一定的空间组织串联起来，通过流线设计划分出不同的功能区域，达到分割空间，体现设计理念等的目的。

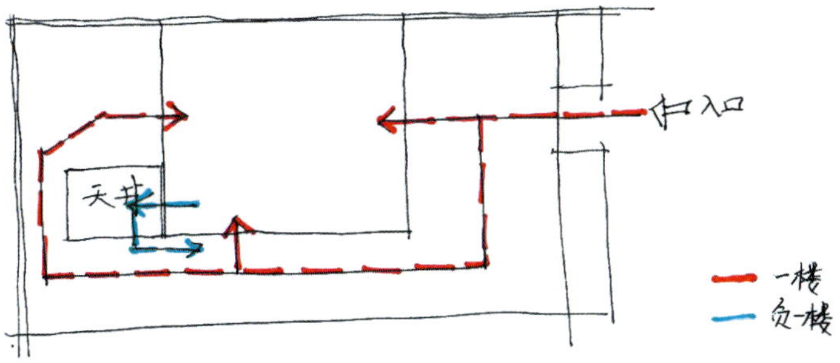

图 5-5 流线分析图

七、功能分区景观营造设想

在子任务七中，需要根据前期资料调研与分析和功能分区、流线设计，规划每一个功能分区较为细节的营造形式。

表 5-7 功能分区景观营造设想

功能分区	入户区、水景区、取水点及工具存放区、蔬菜种植区、室外会客区、室外活动区、种植区、晾晒区	
根据前期资料查询与分析，拟定本项目的功能分区，并对其进行初步设想	景观营造形式营造形式	（1）入户区 用丛植的植物配置形式，采用小乔木和层次丰富的大、中、小灌木，再搭配地被植物，形成较为丰富的植物造景
		（2）水景区 以庭院围墙为背景，建筑内侧为种植池，外侧为静态水景，形成水景与植物相映成趣
		（3）取水点及工具存放区 在庭院侧面通道的转角处巧妙设置设备存放与管理箱，同时设置水源供给点
		（4）蔬菜种植区 利用阳光充足的侧庭走廊，设置长条形蔬菜种植区域
		（5）室外会客区 运用景观构筑物——廊架的形式，形成安静的会客环境

续表 5-7

根据前期资料查询与分析，拟定本项目的功能分区，并对其进行初步设想	景观营造形式营造形式	（6）室外活动区 采用硬质铺装，形成方便的活动区域，可以在该区域健身
		（7）种植区 运用各类高低的灌木，草花，形成层次丰富的植物造景
		（8）晾晒区 利用菜地旁阳光充足的区域，作为晾晒区

八、景观小品设计

结合景观节点与功能分区，从空间形式、意向图、材料运用三个方面，深入思考与设计景观小品的景观营造。根据功能分区的营造形式，从空间分隔、景观小品和材料运用入手，开展网络调研，搭配意向图，该任务的目的是将抽象的想法转变成为直观的设计形式。

表 5-8　景观小品设计

景观小品	空间形式	意向图	材料运用
入户植物组景	庭院入户，采用木制材料，形成半镂空的景墙效果，作为庭院入户处植物组景的背景墙		墙体：木材＋砖墙铺设瓷砖
庭院水景	以庭院围墙为背景，建筑内侧为种植池，以迎客松孤植，搭配置石，以小见大。外侧为静态水景，形成水景与植物相映成趣，别有一番意蕴之美		墙体：木材＋砖墙铺设瓷砖 景墙灯具：简约形态灯具

景观小品	空间形式	意向图	材料运用
庭院水景	以庭院围墙为背景,建筑内侧为种植池,以迎客松孤植,搭配置石,以小见大。外侧为静态水景,形成水景与植物相映成趣,别有一番意蕴之美		水池: 灰白色大理石。
后花园拱门	作为前后花园的过渡区域,设置一个拱门,形成欲扬先抑的效果。		拱门材质: 白色铁艺花架
蔬菜种植区	利用阳光充足的侧庭走廊,设置长条形蔬菜种植区域		种植池: 灰白色大理石
取水点	在转角设置水源供给		洗手池: 灰白色大理石

续表 5-8

景观小品	空间形式	意向图	材料运用
取水点	在转角设置水源供给		木制竖条装饰柜门
工具存放区	在庭院侧面通道的转角处设置设备存放于管理箱		工具收纳柜：防腐木粉饰白色油漆
天井走廊	利用庭院围墙设计为景墙。灯具具备照明功能的同时，成为墙体装饰		景墙材质：防腐木 灯具：现代简约灯具
室外会客区	运用景观构筑物——廊架的形式，形成安静的会客环境		廊架：防腐木，粉饰棕色油漆
室外活动区	采用硬质铺装，形成方便的活动区域，可以在这里健身	开阔的开放式场地 	地砖：芝麻灰芝麻白生态石英砖
种植区	运用各类高低的灌木，草花，形成层次丰富的植物造景		灌木：金叶女贞、海桐、绣球、杜鹃、千年木等 草本：银叶菊、玉簪、鹤望兰、肾蕨、虎耳草、一叶兰、鸢尾、迷迭香

景观小品	空间形式	意向图	材料运用
负一楼	负一楼餐厅，植物造景，搭配简约风格景墙，外侧，天井边缘设置，玩耍时可仰望天空		景墙材质：棕色防腐木 灯具：现代简约灯具 秋千：白色藤编吊篮秋千

九、植物配置

表 5-9　植物配置

配置区域	种植形式	配置植物	意向图
别墅入口	作为庭院的第一个视觉焦点，采用丛植的方式组景，给人留下深刻的第一印象。采用小乔木、灌木（花灌、常绿灌木、观叶灌木），再搭配地被、草花植物，形成精致而丰富的三层搭配。	小乔木：桃树、枫树、紫薇 灌木：金叶女贞、海桐、绣球、杜鹃等 草本：银叶菊、玉簪、鹤望兰、肾蕨、虎耳草	
前庭	1. 入户处有小乔木为背景，因此，采用草本与灌木组合的两层搭配法，借鉴花镜的营造手法，靠墙内侧高，外侧低的种植方式。 2. 水景花池运用草坪地被和小乔木的两层搭配法，搭配造型树	1. 玉簪、肾蕨、银叶菊、野薄荷、百子莲等草本植物，结合迷迭香、绣球、狐尾天门冬、金叶女贞、鹅掌木等灌木 2. 孤植的罗汉松形成植物造景	

续表 5-9

配置区域	种植形式	配置植物	意向图
侧庭	利用阳光充足的侧庭走廊，设置长条形蔬菜种植区域。以列植形式种植蔬菜的种植，以增强其形式感	生菜、莴苣、紫甘蓝等叶色丰富的蔬菜	
后庭	运用各类高低的灌木，草本，形成层次丰富的植物造景	灌木：金叶女贞、海桐、绣球、杜鹃、千年木等 草本：银叶菊、玉簪、鹤望兰、肾蕨、虎耳草、一叶兰、鸢尾、迷迭香	

十、方案汇报 PPT

方案汇报 PPT 的提纲如下。

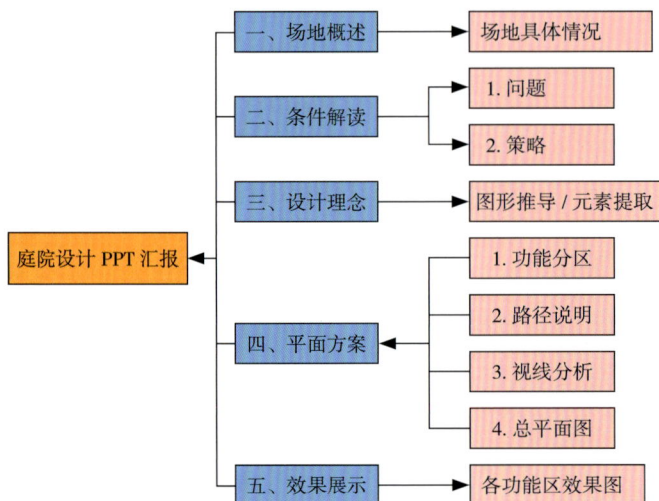

图 5-6　庭院汇报 PPT 框架结构

项目六｜职业技能大赛
——庭院设计

任务一　技能大赛园艺项目解读

一、技能大赛园艺项目

园艺项目：园艺项目是指在规定的时间和空间里，按设计好的赛题，使用工具对指定造景材料进行制作、安装、布置和维护的竞赛项目。

参赛人数：园艺比赛为团队比赛，每队两名参赛者。

测试项目：工作流程、绿地布局、墙壁与楼梯、人行道、水景、木结构、整体印象等。

项目评分：主观评分与客观评分组成总分。

二、园艺项目竞赛内容

园艺项目是团队项目，每个参赛组由 2 位选手组成，要求在规定的时间内相互配合并完成赛题的施工。赛题包含木作、砌筑、铺装、水景营造、植物造景等模块，各模块有机结合在一起组成一件园艺作品。比赛过程中，要求选手合理安排工作流程、注意个人防护，施工动作符合人体工程学，同时要合理安排工时，在完成每天测评模块的前提下可以提前进行次日考核模块的制作。

三、比赛过程示例

2020 全国职业院校技能大赛园艺赛项比赛现场如下图。

图 6-1

2020 中国造园技能大赛（昌邑）邀请赛

图 6-2

图 6-3

图 6-4

2020 年中国造园技能大赛（昌邑）邀请赛比赛现场如下图。

图 6-5　成景示例 1

图 6-6　成景示例 2

图 6-7　成景示例 3

任务二　园艺项目竞赛内容

节任务以 2020 年全国职业院校技能大赛改革试点赛园艺赛项为例。

园艺赛项 - 赛程安排及竞赛内容

一、竞赛赛卷

试题库于比赛前 1 个月在大赛信息发布平台上发布，竞赛赛卷在比赛前 1 天由裁判长从试题库中随机抽取。

赛卷由图纸及施工说明组成，图纸包括总平面图、尺寸定位图、竖向标高图等，硬景部分要求选手按图施工，软景部分由选手根据提供的材料及施工说明自主设计并施工。

二、竞赛内容

1. 砌筑与铺装

正确使用工具切割砖材、石材、预制混凝土砌块，力求切割面平顺，按正确的尺寸、标高精准砌筑花池、景墙、铺筑园路和场地。

图 6-8

图 6-9

图 6-10

2. 木作

正确使用工具切割木料，按正确的尺寸、标高精准制作木平台、木桥、花架、凉亭、木座凳、栅栏等，并安装稳固。

图 6-11

图 6-12

图 6-13

3. 水景营造

利用给定的防水材料、给排水材料、卵石、景石等营造水池、喷泉、叠水等，无渗漏，正确安装潜水泵、给排水管线。

图 6-14

图 6-15

图 6-16

4. 植物造景

严格按规范种植植物，定点植物种植无误，草皮铺设平整、紧实、接缝严密。提供的植物除草皮外全部用完。

图 6-17

图 6-18

图 6-19

图 6-20

任务三 评分规则

本任务以 2020 年全国职业院校技能大赛改革试点赛园艺赛项为例。

（一）裁判组成

裁判员共 10 人，其中裁判长 1 名，加密裁判员 1 名，裁判长和加密裁判员不打分。

裁判员分工由裁判长统一安排。

（二）评分办法（总分100分，包含主观评价30分和现场测量70分两部分）

1. 主观评价分：主观评价由裁判员在比赛过程中对选手进行现场考评，并对完成的施工作品进行总体评价，每位裁判员独立评分，提交后由裁判长组织裁判员进行成绩汇总。

2. 现场测量分：现场测量由裁判员利用激光水平仪、直尺等工具对选手的施工作品进行检测，并给出评判结果。现场测量采用分项打分，由 2 组裁判分别独立测评，分项成绩提交后，若 2 组分值不一致，由裁判长组织对该项目复核。

（三）成绩审核

为保障成绩评判的准确性，监督组将对赛项总成绩排名前 30% 的所有参赛队伍的成绩进行复核；

对其余成绩进行抽检复核，抽检覆盖率不得低于 15%。如发现成绩错误以书面方式及时告知裁判长，由裁判长更正成绩并签字确认。复核、抽检错误率超过 5% 的，裁判组将对所有成绩进行复核。

（四）成绩公布

记分员将解密后的各参赛队成绩汇总成比赛成绩，经裁判长、监督组签字后，在指定地点、以纸质形式公布比赛结果。公布 2 小时无异议后，将赛项总成绩的最终结果录入赛务管理系统，经裁判长、监督组长和仲裁长在成绩单上审核签字后，在闭赛式上宣布。

任务四 施工模块、施工流程及评分标准

本任务以 2020 年全国职业院校技能大赛改革试点赛园艺赛项为例。

一、园艺赛项施工模块、施工流程及评价标准

工作流程每半天重复评分，共 7 次，总计 6 分

（1）工作区域整结

（2）施工组织科学性

（3）团队合作

（4）工具设备及材料使用

（5）功效

（6）安全

图 6-21

图 6-22

图 6-23

图 6-24

图 6-25

图 6-26

图 6-27

图 6-28

图 6-29

图 6-30

图 6-31

图 6-32

二、工作流程—评分标准（主观）每半天重复评分，共 7 次，总计 6 分，具体见二维码

全国职业院校技能大赛园艺赛项的评分标准主要围绕工作流程、绿植布局、铺装、墙体、水景、木质结构和整体印象等方面进行。其中，工作流程的评分侧重于场地整洁与安全、工作模式组织、逻辑与团队合作、工具设备与材料使用以及人体工程学的应用。绿植布局作为分值最高的部分，其评分不仅包括客观的量测分，还涵盖了主观评价分，重点考察植物种植的合理性及审美。此外，评分标准还特别强调了设计与施工的结合，其中设计部分占总成绩的 30%，施工部分占 70%，体现了对实际操作技能的重视。

三、砌筑施工

（一）黄木纹石墙砌筑施工

1. 确定原点

图 6-33

图 6-34

2. 定点放线

图 6-35

图 6-36

3. 砌筑基层

图 6-37

图 6-38

4. 砌筑主体

图 6-39

图 6-40

5. 复测顶层标高

图 6-41

图 6-42

6. 成品

图 6-43

图 6-44

（二）标砖花池砌筑施工

1. 定点放线

图 6-45

图 6-46

2. 夯实基础

图 6-47

图 6-48

3. 砌筑基础

图 6-49

图 6-50

4. 砌筑主体

图 6-51

图 6-52

5. 处理缝隙

图 6-53

图 6-54

6. 成品

图 6-55

图 6-56

（三）砌筑要点

①严格按照工艺流程施工，不可以缺项漏项。

②砌筑尺寸与图纸尺寸相同，容差 2mm；

③墙体外观：平缝水平，丁缝竖直，缝隙填浆饱满，无污染，错缝砌筑且均匀；

④压顶：面板拼接部分没有使用小于 1/3 面板长的面板，面板平整美观；压顶板缝隙均匀且误差不超过 2mm，每条边的压顶板外延在一条线上，且压顶石板水平；

⑤花坛砌体缝隙缝隙宽度 10mm；容差 ±0–2mm，0.5；＞ 2mm，发现一条缝隙超过容许误差，则为 0 分（板间缝隙用选手自己的钢尺测量）

⑥花坛砌体高度与图纸高度相同，容差高度 2mm。

（四）砌筑优秀案例

图 6-57

图 6-58

图 6-59

图 6-60

图 6-61

（五）砌筑不规范案例

图 6-62

图 6-63

图 6-64

图 6-65

四、铺装施工

（一）安全防护要求（铺装）

表 6-1　铺装安全防护要求表

任务	带侧面防护的护目镜	防尘口罩	切割防护手套	安全鞋	工作服（长裤及护袖）	耳罩	护膝（跪地作业）
处理土壤和基层	√		√	√	√		
夯实土壤	√	√	√	√	√	√	
切割自然石	√	√	√	√	√	√	
切割木头	√	√		√	√		
木做安装	√	√	√	√	√		√
切（凿）自然石	√	√	用凿子的手	√	√	√	√
砌台阶和自然石	√	√	√	√	√		√
放置景石	√	√	√	√	√		√
建造平面（铺装）	√	√	√	√	√		√
种植	√	√	√	√	√		√

（二）普通石材铺装施工流程

1. 定点放线

图 6-66

2. 开挖基槽

图 6-67

图 6-68

3. 夯实基槽

图 6-69

4. 测量基槽标高

图 6-70

5. 铺装

图 6-71

图 6-72

6. 成品

图 6-73

图 6-74

（三）小料石 + 碎拼铺装施工流程

图 6-75

①测量

图 6-76

②放线

图 6-77

③夯实、铺路缘石

图 6-78

④铺碎拼 / 小料石

图 6-79

⑤测量标高

图 6-80

⑥回填、打扫

图 6-81

⑦成品

图 6-82

（四）铺装要点

①严格按照工艺流程施工，不可以缺项漏项。

②铺装缝隙整洁，缝隙填充平整，板砖上面清洁得非常干净。

③铺装路面均匀、平坦，切口饰面整齐。

④汀步位置、尺寸、水平高度与图纸相同，容差 2mm。

⑤铺装尺寸与图纸尺寸相同，容差 2mm。

⑥铺装水平高度与图纸高度相同，容差高度 2mm。

（五）铺装优秀案例

图 6-83

图 6-84

（六）铺装不规范案例

图 6-85

图 6-86

图 6-87

图 6-88

图 6-89

五、木作施工

（一）安全防护要求（木作）

表 6-2　木作安全防护要求

任务	带侧面防护的护目镜	防尘口罩	切割防护手套	安全鞋	工作服（长裤及护袖）	耳罩	护膝（跪地作业）
处理土壤和基层	√		√	√	√		
夯实土壤	√	√	√	√	√	√	
切割自然石	√	√	√	√	√	√	
切割木头	√	√		√	√	√	
木做安装	√	√	√	√	√	√	√
切（凿）自然石	√	√	用凿子的手	√	√		√
砌台阶和自然石	√	√	√	√	√		√
放置景石	√	√	√	√	√		√
建造平面（铺装）	√	√	√	√	√		√
种植	√	√	√	√	√		√

（二）座凳、木平台木作施工流程

1. 测量划线

图 6-90

2. 木材切割

图 6-91

图 6-92

3. 木作安装

图 6-93

图 6-94

4. 切割打磨

图 6-95

图 6-96

5. 成品

图 6-97

图 6-98

（三）木作要点

①严格按照工艺流程施工，不可以缺项漏项。

②所有龙骨上的螺钉位于一条直线上且不高于木板表面。

③木平台整体平坦看起来非常美观。

④木平台所有切割部分均打磨过。

⑤所有木板间缝隙都均匀一致。

⑥木作环节全部尺寸及标高与图纸相符，容差 2mm。

⑦整体木制品稳定性较好。

（四）木作优秀案例

图 6-99

图 6-100

图 6-101

（五）木作不规范案例

图 6-102

图 6-103

图 6-104

六、水景施工

（一）安全防护要求（水景）

表 6-3　水景安全防护要求

任务	带侧面防护的护目镜	防尘口罩	切割防护手套	安全鞋	工作服（长裤及护袖）	耳罩	护膝（跪地作业）
处理土壤和基层	√		√	√	√		

续表 6-3

任务	带侧面防护的护目镜	防尘口罩	切割防护手套	安全鞋	工作服（长裤及护袖）	耳罩	护膝（跪地作业）
夯实土壤	√	√	√	√	√	√	
切割自然石	√	√	√	√	√	√	
切割木头	√	√		√	√	√	
木做安装	√	√	√	√	√	√	√
切（凿）自然石	√	√	用凿子的手	√	√	√	√
砌台阶和自然石	√	√	√	√	√		√
放置景石	√	√	√	√	√		√
建造平面（铺装）	√	√	√	√	√		√
种植	√	√	√	√	√		√

（二）水景施工流程

1. 定点放线

图 6-105

图 6-106

2. 开挖基槽

图 6-107

图 6-108

3. 夯实基槽

图 6-109

4. 铺设防水膜

图 6-110

图 6-111

5. 安装溢水口

图 6-112

图 6-113

6. 砌筑水池

图 6-114

图 6-115

7. 铺设卵石

图 6-116

图 6-117

8. 成品

图 6-118

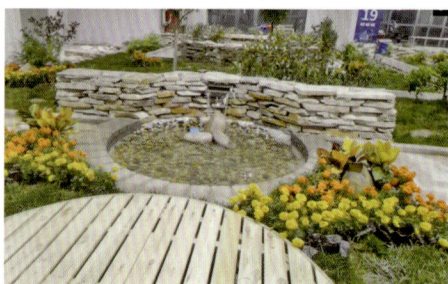
图 6-119

（三）水景要点

①严格按照工艺流程施工，不可以缺项漏项。

②防水膜按图施工，防水性好，不漏水。

③水口水平，出水均匀，水流均匀布满水口。

④岸线曲折自然、圆滑。

⑤防水膜均匀被卵石覆盖，没有裸露，水面无漂浮物。

（四）水景优秀案例

图 6-120

图 6-121

（五）水景不规范案例

图 6-122

图 6-123

七、植物造景施工

（一）安全防护要求（植物造景及整体印象）

表 6-4　植物造景安全防护要求

任务	带侧面防护的护目镜	防尘口罩	切割防护手套	安全鞋	工作服（长裤及护袖）	耳罩	护膝（跪地作业）
处理土壤和基层	√		√	√	√		
夯实土壤	√	√	√	√	√	√	
切割自然石	√	√	√	√	√	√	
切割木头	√	√		√	√	√	
木做安装	√	√	√	√	√	√	√
切（凿）自然石	√	√	用凿子的手	√	√	√	√
砌台阶和自然石	√	√	√	√	√		√
放置景石	√	√	√	√	√		√
建造平面（铺装）	√	√	√	√	√		√
种植	√	√	√	√	√		√

（二）乔灌木类植物造景施工流程

1. 挖树坑

图 6-124

2. 种植植物

图 6-125

图 6-126

（三）花卉植物造景施工流程

1. 摆盆

图 6-127

图 6-128

2. 种植

图 6-129

图 6-130

（四）草坪植物造景施工流程

1. 平整场地

图 6-131

图 6-132

2. 草坪铺设

图 6-133

图 6-134

（五）整体氛围植物造景施工流程

成品

图 6-135

图 6-136

（六）植物造景、整体印象要点

①严格按照工艺流程施工，不可以缺项漏项。

②定点植物位置与图纸相符，容差 10 ~ 20mm。

③草坪种植：坪床密实，表面平整且坡度均匀一致，草坪铺设整齐，不漏缝不重叠。

④绿地的植物布局：植物布局合理，层次分明，过渡自然。

⑤种植工艺：符合行业标准，植物垂直并适度修剪，植物最具美感的那面朝向花园入口。

⑥花园整体印象：园区非常优质地完成，所有部分完成得都很优秀，很大程度上加强了花园的视觉美感。

（七）植物造景优秀案例

图 6-137

图 6-138

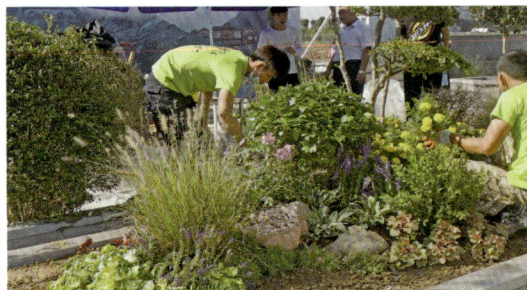

图 6-139

（八）整体印象优秀案例

世界技能大赛园艺项目（成都）国际邀请赛暨 2019 成都百万职工技能大赛景观施工赛现场如下图。

图 6-140　"青春主旋律"主题

"鲜花港杯"北京花园设计展暨国际造园邀请赛如下图。

图 6-141　"适乐园"主题

2019 世界技能大赛园艺项目昌邑国际邀请赛如下图。

图 6-142　"沁锦园"主题

2020 中国造园技能大赛（昌邑）邀请赛如下图。

图 6-143　"自然而然"主题